サントリー対キリン

永井 隆

nbb
日経ビジネス人文庫

はじめに

人々の生活に密着した酒類・飲料を中心とする食品産業は、１００年を超える歴史をもつ。そんな伝統産業で、リーディングカンパニーが入れ替わったのは２０１４年のことだった。

サントリーホールディングス（サントリーＨＤ、以下サントリー）が、12月通期の売上高と営業利益とでキリンホールディングス（キリンＨＤ、以下キリン）を抜いて、初めてトップに立ったのだ。キリンは１９５４年に食品盟主となって以来、初めて業界トップの座を明け渡した。

逆転をもたらしたのは、Ｍ＆Ａ（企業の合併買収）だった。

サントリーは14年5月に、バーボンウイスキー「ジムビーム」や「メーカーズマーク」で知られる米蒸溜酒大手のビーム社を、１６０億ドル（約1兆６４００億円）の巨費を投じて買収。ビームサントリー（本社は米イリノイ州シカゴ）を設立した。

それだけではない。14年10月にローソン会長だった新浪剛史《にいなみたけし》をサントリーＨＤ社長に起用したのである。我が国で代表的な同族企業であるサントリーが、一族でもプロパーでもなく、外部からトップを引っぱってきたのだ。決断したのは総帥の佐治信忠《さじのぶただ》サントリー

HD会長（前社長）だった。

サントリーHDの有利子負債は1兆5000億円程度膨らみ、約2兆円（14年9月時点）となった。それでも、M&Aと外部からの社長招聘《しょうへい》までして、同社が事業のグローバル化を進める理由のひとつは、少子高齢化と人口減少による国内市場の縮小だ。だが、そういった事情を抜きにしても、実はサントリーは創業期から「世界に打って出る」という野望を秘め、ホンダやソニーが誕生するずっと前から、グローバル展開を狙い続けてきた。さらに、しばしば同族企業の代表格として取り上げられるが、専門家の外部招聘も、歴史的に様々な実績があった。

これらの点は本稿にて詳述していくが、2014年はサントリーが世界に出るために、大型買収と外部からのトップ招聘を実行した年として、産業史に刻まれるのは間違いない。

だが、ここでひとつ思い出していただきたいことがある。

グローバルへの大きな動きとして、最初に表面化したのは「キリン・サントリーの経営統合」計画だった。統合に向けて両社が交渉している事実を、2009年7月13日付けの日本経済新聞が一面でスクープ。日本中が驚いた。

実は02年5月、筆者はその前年3月にサントリー社長に就任していた佐治信忠に、書籍執筆のため取材した。少子高齢化から、ビールの4社体制はいずれ成立しなくなると指摘しながら、佐治は言った。

「サントリーは5年以内に国内でM&Aを行使する可能性がある。対象はキリンビールとなるだろう。必要な資金はサントリーの上場で賄《まかな》っていく」

02年8月出版の拙著『ビール15年戦争』(日本経済新聞出版社)にこの発言を載せたところ、反響は大きかった。「あるわけがない」と批判的なものが大半だった。

ところが、5年後ではなく7年後の09年7月、この一件は明るみに出た。両社の統合計画は、統合比率をめぐり翌10年2月に破談してしまう。その後、サントリーHDの子会社、サントリー食品インターナショナル(サントリーBF)が13年7月、東証1部に上場。14年にビーム社を買収する。

サントリーにとって、キリンとの統合とビーム社買収とは、「海外に打って出る」という目的は同じでも大きな違いがある。キリン・サントリーのときは、世界戦略の柱は醸造酒のビールだった。これに対し、ビームサントリーは蒸溜酒であるウイスキーが中心となる。消費地に工場をもち量を追うビールではなく、日本からでも輸出できる、高級酒を含めた高付加価値を追うウイスキーへ。サントリーは戦略を転換させた。

以来、新浪社長は、フランスのコニャック製造子会社ルイ・ロワイエを売却するなど、有利子負債の圧縮を進める。とくに、上海で№1シェアをもちつつも08年から赤字に陥っていた中国ビール事業を、合弁相手だった青島《チンタオ》ビールに16年に売却、撤退してしまう。ビールの経営資源を国内に集中させると内外に示した格好だった。

その一方で、15年にサントリーBFが日本たばこ産業（JT）の飲料自動販売機事業を1500億円で買収している。

なお、16年9月時点で、償却が求められるのれんは9347億円、求められない商標権は1兆421億円。

一方のキリンも、2011年にブラジルのスキンカリオールグループ（現在はブラジルキリン）を約3000億円で買収するなど、規模は小さめながらも海外展開を進めている。

ところが、15年12月期にキリンHDの連結最終損益は473億円の赤字となる。ブラジルキリンの業績が、競争激化などから悪化。1140億円の減損損失を計上したためだった。1949年の上場以来、最終赤字はキリンにとって初めて。

この責任をとり、三宅占二会長は16年3月、相談役に退いた。

同期の売上高は前期比0・1％増の2兆1969億円。国内のビール類（ビール、発泡酒、第3のビール）のうち、ビールは21年ぶりに前年を上回った（1・1％増）。

キリンにとって、ここにきて大きいのは国内での「クラフトビール」への参入だ。クラフトビールとは、小規模な醸造所で多様に、かつていねいにつくられる、手づくり感に溢れたビールを指す。「一番搾り」や「ザ・プレミアム・モルツ」より価格は高く、14年ごろまでは「地ビール」ともいわれていた。

米国市場では、バドワイザーやコロナといったビッグブランドではなく、西海岸を中心にクラフトビールが勃興。金額ベースでは「15年で全米で2割に達している」（キリン）勢いだ。「大手ブランドはまずいし、没個性。とくに20代が、おいしさと違いを求めてクラフトが拡大している」（日本のクラフトビールメーカー）と言われている。

日本では1994年に地ビールが解禁し、再編淘汰がくり返されたが、いまは約200社が営業している。大手5社のビール類に対するクラフトビールの割合は、金額ベースで約1％、販売量では1％にも満たない。だが、アメリカ西海岸のように伸びていく可能性はある。

とくにキリンのクラフトビールは、マーケティング部門の現場からボトムアップにより事業化された点では、意義深い。なぜなら、キリンは伝統的に、考えるだけであまり動こうとしない体質だったから。「やってみなはれ」の向こうを張ってリスクをとったうえ、社内の反対を押し切って動いたのである。しかも、業績が坂道を転がるように悪化していく最中で。

プロジェクトは、缶チューハイ「氷結」の開発者として知られる和田徹が中心となり、11年秋に水面下でスタート。やがて会社から正式に認められ、メンバーを集めていく。小規模醸造施設をもつビールレストラン「スプリングバレーブルワリー東京」が渋谷区代官山に、キリンの工場内のレストランを改装しクラフトビールを提供する「同横浜」が横浜市に、相次いでオープンしたのは、15年春だった。和田は、「（1908年発売の）T型フォードから始まった、規格化された単品を大量生産するものづくりの構造を、ビール産業から変えていく」と主張する。

国内外のクラフトビール会社と提携を重ねる一方、技術力を生かし年間で40種を超える新商品を開発し、2店舗で提供している。

サントリーは1899年2月、大阪市西区靱《うつぼ》中通2丁目（当時）に鳥井商店として開業し、葡萄《ぶどう》酒の製造販売を始める。創業者の鳥井信治郎《とりいしんじろう》は、このとき20歳になったばかりだった。

一方のキリンは、前身となる醸造所ジャパン・ブルワリーから設備や従業員の多くを引き継ぎ、1907年に三菱合資（岩崎久彌《ひさや》社長）、三菱グループ創業家の岩崎家、明治屋が出資する「麒麟麦酒《キリンビール》」として横浜に創立された。

片や起業家によるベンチャー、こなた有力財閥による装置産業。オーナー企業に対し、三菱系のサラリーマン企業。サントリーは商品力が求められる葡萄酒から、キリンは大きな資本が必要なビールから参入した。サントリーは新浪で5人目のトップだが、キリンは磯崎功典《いそざきよしのり》キリンHD社長が14代目だ（ただし、07年のホールディング制移行により加藤壹康《かとうかずやす》と三宅、磯崎はキリンビールとキリンHD両社の社長を経験した）。

本書は、この2社に焦点を合わせながら、それぞれの特徴やビジネスモデル、そして今後の戦略などを比較していく。

サントリーとキリンは、酒類・飲料を中心とする食品産業を支えてきた2強であると同時に、積年のライバル関係にあって、思想や文化、ガバナンスは対極にあると位置づけられてきた。いまだけを切り取れば、サントリー優勢、キリン劣勢の構図ではある。だが、ここでひとつ言えるのは、いまの勝者が強者とは限らない。同時に、敗者は弱者でもない。

変化への対応や、変化への主導ができなくなれば、今日は大勝利を収めた会社であっても、将来への持続的成長は見込めない。場合によっては、将来そのものが消えていく。

「やってみなはれ」は、サントリー創業者の鳥井信治郎が遺した言葉であり同社のＤＮＡだ。仮に、「やってみる」社員の数が減っていけば、すぐに左前だろう。これは、キリンも同じことだ。挑戦する人がいなくなれば、ヒット商品は生まれないし、新しい営業手法も開発できない。

たとえば、「ビームサントリーによるグローバルな蒸溜酒ビジネスがどうなるかよりも、巨額の借金を抱えることのほうが心配だ」「クラフトビールはそのプロジェクトチームの専管。解説ならするけれど、我々には関係ない」といった不安や無関心が社内に蔓延《まんえん》していけば、大手の両社といえど明日は厳しくなっていく。借入金の増加、シェアの低下などよりも、「変わることはいいことだ」と何人が思えるかが成長のカギとなる。

外国人を含めた読者諸氏に、酒類・飲料産業をより深く知っていただくだけではなく、日常のビジネスにおいての多くのヒントを得ていただければと、願っている。

なお、本書は『サントリー対キリン』（２０１４年11月刊行、日本経済新聞出版社）を、大幅に加筆のうえ文庫化した。サントリーＨＤ、キリンＨＤとも、サントリー、キリンと基本的に表記するが、誤解を招きそうな場合は「ＨＤ」を入れる。中間持株会社のキリンについては、必要に応じて「中間持株会社キリン」とする。また、登場していただいた方々の敬称を省略していることを、この場でお断りしておく。

２０１６年12月

永井　隆

目　次

第2章　サントリー
――「やってみなはれ」の元ベンチャー――

第1章

21世紀のビール・飲料業界

「ビームサントリー」誕生

『ウイスキーは日本の酒である』と、チーフブレンダー（興水精一《こしみずせいいち》サントリースピリッツ名誉チーフブレンダー）も言っている。日本のウイスキーを海外で広く飲んでもらうのは、たいへん嬉しいこと。一番大きな市場のアメリカ、そしてヨーロッパでサントリーウイスキーの魅力をお客様に理解していただきたい。その後は、新興国でも徐々に伸ばしていきたい」

「サントリーが、世界に打って出るための最後で唯一のチャンスだ。ビーム社を買うためにはいくら必要なのかという発想で買収を行った。20年後、30年後のサントリーの将来を160億ドル（約1兆6400億円）で買ったという意味では、決して高い買い物ではないと考えています」

佐治信忠は、とりわけ緊張する様子もなく壇上から話しかけていた。

2014年5月15日、東京・虎ノ門にあるホテルオークラ東京本館一階「曙の間《あけぼのま》」。大掛かりな会見やパーティに使われる会場だが、午後2時から始まった会見には64社から126人の記者と13人のカメラマンが集まり、9台のテレビカメラが壇上に向けられていた。

その先には、佐治のほかに、ビームサントリーの会長兼CEO（最高経営責任者）のマット・シャトックが控えめに座っていた。ポジションによる職務の役割が明確なアメリカのビジネスパーソンは、スカウトなどで会社を辞めない限りボスには絶対服従である。シャトックは「(国際的なコンペで) 受賞歴のあるサントリーウイスキーを、ビーム社の販売網に載せることは、心強い限りです。世界市場に流すことで、ビジネス範囲は広がる」などと発言した。

5月1日にサントリーによるビーム社買収の手続きは完了。これを受けての会見だったが、ビーム社は同日にビームサントリーと社名変更していた。

サントリーHDは14年10月、傘下のサントリー酒類（当時）のうち蒸溜酒の海外部門をシカゴに本社を置くビームサントリーに移管し、海外の蒸溜酒会社もビームサントリーと経営を一体化させた。シカゴ本社に権限を集中させることで、「山崎」や「白州《はくしゅう》」、「響《ひびき》」などのジャパニーズウイスキーを含めた蒸溜酒事業の海外展開を加速させていく狙いである。サントリーの魂でもあるウイスキー事業の本部は、大阪でも東京でもなくシカゴとなった。

同時にサントリー酒類からビール部門を分割し、新会社「サントリービール」を設立した。

蒸溜酒の国内メーカーとなったサントリー酒類はビームサントリーと経営統合し、15年1月1日「サントリースピリッツ」に社名が変わった。蒸溜酒、ビール類、ワインなどの国内販売会社であるサントリービア&スピリッツも、同日付で「サントリー酒類」に社名変更し、サントリー酒類の名前は残るが、メーカーから販売会社になった。

日本から世界のビッグプレーヤーへ

会見時点ではまだサントリーHD社長だった佐治は、2020年12月期のグループ売上高を「4兆円に引き上げる」計画をぶち上げた。13年12月期の売上高は約2兆402億円だったので、7年間で倍近い成長を目指す野心的な内容だ。

13年12月期のビームの売上高は約3200億円。同じくサントリーの蒸溜酒事業の売上高は約2800億円なので、単純合算すると約6000億円となり、蒸溜酒で世界3位に浮上した。

世界首位はジョニーウォーカーなどをもつ英ディアジオの約1兆9500億円、同じく2位はシーバスリーガルやバランタインなどを有する仏ペルノ・リカールの約1兆1900億円と、2強との〝ゲーム差〟はまだ大きい。

世界のスピリッツプレーヤー（当時）

	オーナー	2012年実績（百万ドル）
1	ディアジオ	31,896
2	ペルノ・リカール	18,725
	ビームサントリー	9,508
3	バカルディ・マルティーニ	8,890
4	ビーム	7,135
5	ブラウンフォーマン	6,694
6	LVMH	4,060
7	タイビバレッジ	3,911
8	カンパリ	3,425
9	ウイリアム・グラント	2,717
10	サントリー	2,373

世界第3位へ

注：小売金額ベース（白酒等のローカルスピリッツ、エコノミーブランデー、東欧のエコノミーウオッカ除く）
出所：IWSR2012データ

サントリーHDの売上高構成比

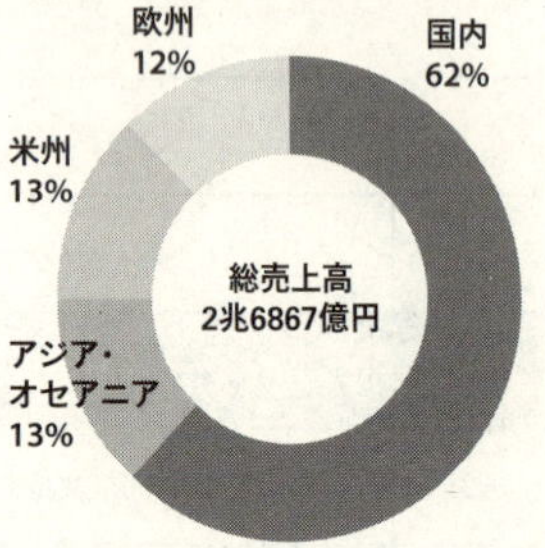

2015年12月期

ただし、グループで売上高4兆円となると話は別の次元となる。

米コカ・コーラの約5兆円（15年12月期）など、蒸溜酒というカテゴリーではなく食品産業そのものの超ビッグプレーヤーたちと、肩を並べる規模になるのだ。

佐治が明らかにした計画では、蒸溜酒事業であるビームサントリーは、13年度の売上高約6000億円を20年度には1兆円に。清涼飲料を手掛ける上場企業のサントリー食品インターナショナルは、13年度の約1兆1200億円を20年度2兆円に。ビールやワイン、缶チューハイなどのその他事業は約6800億円から1兆円へ。

蒸溜酒1兆円、清涼飲料2兆円、ビール・ワインなど1兆円で売上高4兆円となり、「売り上げの半分は海外で、利益では半分以上が海外になると思う」と佐治は話した。ちなみに、13年12月期の売上構成比で見ると、国内が75%を占め海外は25%。内訳はアジア・オセアニア13%、欧州8%、米州4%。これが、15年12月期の売上高は2兆6867億円（前期比9・4%増）で、国内62%、海外38%の構成となる。海外の内訳はアジア・オセアニア13%、欧州12%、米州13%。ビーム社買収などにより売上高は伸びてキリンを抜き、さらに、米州と欧州での事業規模はとりわけ拡大している。

とくに、蒸溜酒事業は1兆円の壁をできるだけ早く破るため、「今後もM&Aは必須だ」「M&Aをやっていくスピリッツ（蒸溜酒事業）に大きく舵を切った。ビールについては国内、スピリッツと飲料については世界をターゲットにしていく」（佐治）などと語り、グローバル化の重点は清涼飲料とともに蒸溜酒分野であると表明。蒸溜酒での新たなM&Aの実行にも意欲を示した。

さらに、次のような発言もしている。

「（1980年に）初めてM&Aをしてから（米国駐在していた佐治が自身の手で、ペプシコのボトラー米ペプコム社を買収した）、グローバル化をサントリーの目標としてきた。（ビーム社買収で）一区切りついたが、同時に新しい事業が始まり私はもう少しサントリーHD全体を見ていかなければならなくなりました。早晩、新社長を抜擢したいと考えてはいる」

「新浪社長」誕生と記者の攻防

オークラでの会見から1カ月と9日が経過した2014年6月24日の早朝。東京・港区元麻布にある佐治の自宅前には、新聞記者や出版社、テレビ局の記者たち、さらにはテレビカメラのクルーまでが集まってきた。この日の朝刊で、日本経済新聞が「サントリー 外部から社長 新浪ローソン会長」と、報じたためだ。同紙電子版で、午前2時には「サントリー社長に新浪ローソン会長」とアップされていた。有力企業のトップ交代の記事が流れると、トップの自宅に記者が集まることはよくある。だが、テレビカメラまで入ることは、まずなかった。異例の事態だった。

知名度が高いサントリーが世界的な買収劇を果たした直後、今度は外部から社長を招く。買収の直後とあってニュースの価値は一気に膨らんではいたが、マスコミは過剰なまでに反応した。

午前9時過ぎ、佐治はスーツ姿で出てきて記者たちの朝駆けに応じた。自宅前での青空会見である（ちなみに佐治の自宅があるのは、各国の大使館などが点在する都内でも有数の一等地）。佐治の発言はテレビカメラに収録され、そのまま放送された。

「正式の打診は去年（13年）秋。準備ができたので、お受けしますという話を（新浪から）

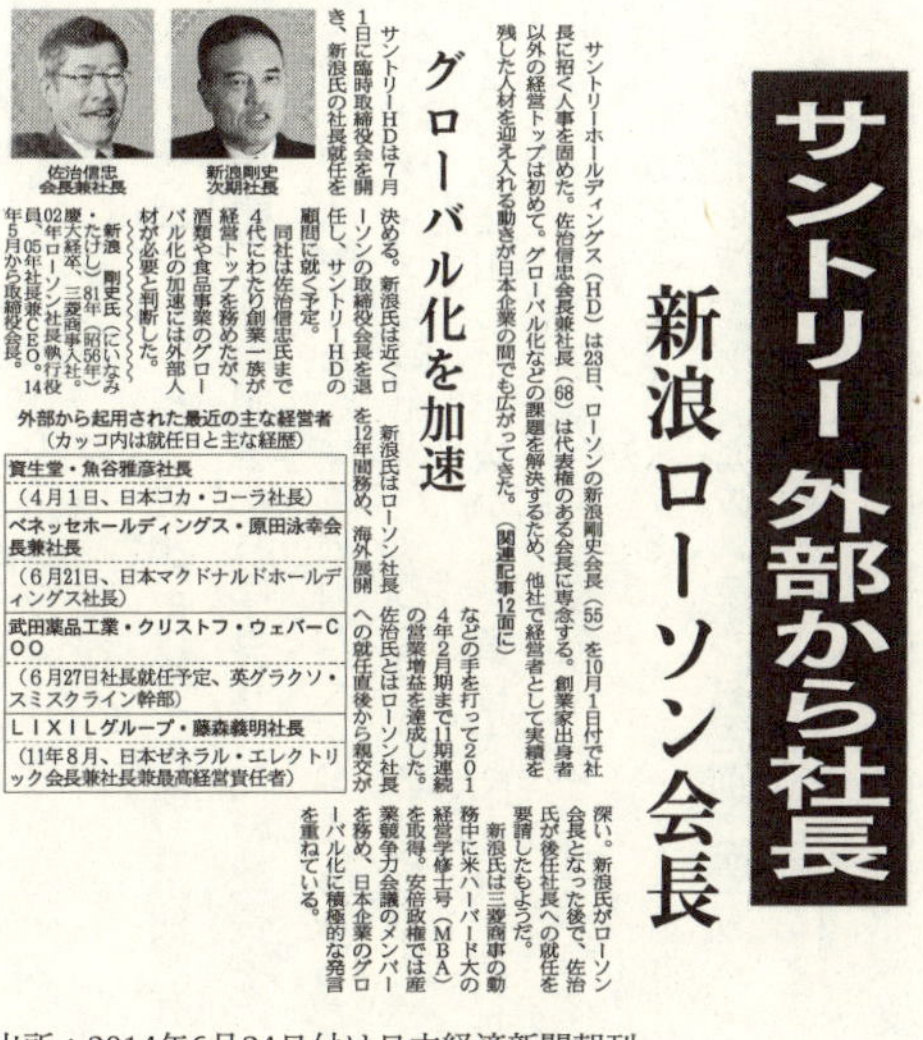

サントリー 外部から社長
新浪ローソン会長

サントリーホールディングス（HD）は23日、ローソンの新浪剛史会長（55）を10月1日付で社長に招く人事を固めた。佐治信忠会長兼社長（68）は代表権のある会長に専念する。創業家出身者以外の経営トップは初めて。グローバル化などの課題を解決するため、他社で経営者として実績を残した人材を迎え入れる動きが日本企業の間でも広がってきた。（関連記事12面に）

グローバル化を加速

サントリーHDは7月1日に臨時取締役会を開き、新浪氏の社長就任を決める。新浪氏は近くローソンの取締役会長を退任し、サントリーHDの顧問に就く予定。

同社は佐治信忠氏まで4代にわたり創業一族が経営トップを務めたが、酒類や食品事業のグローバル化の加速には外部人材が必要と判断した。

新浪氏はローソン社長を12年間務め、海外展開などの手を打って2014年2月期まで11期連続の営業増益を達成した。

佐治氏とはローソン社長への就任直後から親交が深い。新浪氏がローソン会長となった後で、佐治氏が後任社長への就任を要請したもようだ。

新浪氏は三菱商事の勤務中に米ハーバード大の経営学修士号（MBA）を取得。安倍政権では産業競争力会議のメンバーを務め、日本企業のグローバル化に積極的な発言を重ねている。

新浪剛史次期社長

佐治信忠会長兼社長

新浪　剛史氏（にいなみ・たけし）81年（昭56年）慶大経卒、三菱商事入社。02年ローソン社長執行役員、05年社長兼CEO。14年5月から取締役会長。

外部から起用された最近の主な経営者
（カッコ内は就任日と主な経歴）

資生堂・魚谷雅彦社長
（4月1日、日本コカ・コーラ社長）
ベネッセホールディングス・原田泳幸会長兼社長
（6月21日、日本マクドナルドホールディングス社長）
武田薬品工業・クリストフ・ウェバーCOO
（6月27日社長就任予定、英グラクソ・スミスクライン幹部）
LIXILグループ・藤森義明社長
（11年8月、日本ゼネラル・エレクトリック会長兼社長兼最高経営責任者）

出所：2014年6月24日付け日本経済新聞朝刊

いただいた。返事も去年」「（新浪は）慶應義塾大学の後輩であり、得意先とメーカーの関係で（以前から）お目にかかっていた（ちなみに、非公式での最初の接触は11年）」

「私の勘としても、この人（新浪）は立派にサントリーを経営してくれると思う」「とくに国際戦略の推進に期待したい。ただ、1・6兆円の買い物（ビーム社買収）をして、大きな負債を抱えている。私は会長になって財界活動をします、という無責任なことはできない。経営の最終的な意思決定は、だんだんと新浪さんに任せていこうと思ってはいるが、しばらくは二人三脚。これから3年から5年はサントリーにとって21世紀の命運を分ける重要な時期になる」

「私は65歳（この時点で68歳）で社長を譲りたいと思っていたが、延び延びになっていた」……。

かつては（といっても20年以上も前だが）、有力企業のトップ交代を抜かれると、後追いする新聞各社の記者たちは当該会社の社長宅にその日の夜、夜回りをかけた。夜回り先では、テープをまわすことはなく、メモも取らない。テレビカメラも、そもそもＮＨＫ以外ではテレビ局の記者が来ることはまれだった。

社長宅を出ると、抜かれた負け犬同士は〝呉越同舟〟。社長の態度が釈然としない場合には、「どう書こうか……」などと談合することもあった（何しろ一番肝心な部分は、他紙に抜かれてしまっている）。

だが、いまやテレビカメラが自宅前で張り込み、ビジネス誌のオンライン版には録音データを起こした一問一答が掲載されるようになった。佐治ははっきりと交代を認めていたが、テレビが入ったためか記者はみなレコーダを構えていた。

インターネットの時代となり、深夜でも配信をチェックしなければならなくなったのは大きな変化だ。抜かれた者たちの行動は「その日の夜」の夜回りではなく、わずか数時間後の朝駆けに変わった。また、配信チェックを怠ったがため、このとき〝特落ち（1社だけ報道できなかった状態）〟したテレビ局もあったとか。

サントリー一族の「若すぎる後継候補」

サントリーの社長人事に関する正式な会見は、7月1日午後3時から開かれた。ビーム社買収完了会見と同じホテルオークラ東京「曙の間」だったが、集まった記者の数はビーム社買収完了会見の前回よりも増えて155人に。テレビカメラの数も少し増えていた。

壇上には、記者席から向かって左側に佐治信忠、右側に新浪剛史ローソン会長（当時、現在はサントリーHD社長）が、着座していた。

「サントリーは創業から115歳となり、官僚化が進み、やんちゃボーイ、やんちゃガールが少なくなった。新浪さんは〝やってみなはれ〟の人なので、グローバル化の推進とともに新しい空気、南風ですな、これを会社に吹き込んでいただけると思う」

「私が後継者を育てられなかったし、後継候補はいても若すぎた」

佐治信忠はこの日も、いつもと同じ大きな声で、ズバズバと論じていく。自社の欠点、そして自らの力不足を臆することなく。オーナー経営者でなければこうはいかないが、第三者的な冷静さをもって佐治はサントリーというマイカンパニーと向き合ってもいる。社長としては最後の公式会見であった。

ここで言う「若すぎる後継候補」とは、このときサントリー食品インターナショナル（サントリーBF）社長で、16年3月にサントリーHD副社長に就いた鳥井信宏《のぶひろ》を指す（このとき代表権をもった）。

信宏は1966年3月生まれ。創業者、鳥井信治郎の曾孫《ひまご》にあたる。慶應義塾大学経済学部を卒業後、米ブランダイス大学で国際経済・金融学の修士を取得。日本興業銀行（現在のみずほフィナンシャルグループ）に6年間勤務した後、1997年にサントリーに入社した。ビール事業部プレミアム戦略部長として、高級（プレミアム）ビールの「ザ・プレミアム・モルツ」にモンドセレクションで3年連続（2005年〜07年）最高金賞を受賞させる。

11年から信宏が社長を務めたサントリーBFは、13年7月に上場したばかりだ。佐治は、40代で鳥井信宏がサントリーHD社長になるのはまだ若すぎると考えたのだろう。

サントリーの官僚化について、佐治はことあるごとに、「(サントリーは）役所のようになってきた」などと、以前から指摘し続けていた。

一方の新浪は言った。

「サントリーは日本発の真の世界トップ企業だと言われるように、全身全霊を捧げていく」

「日本にあるようなサントリーのイメージが、進出する国々でも、ブランド力として消費者のあいだに育っていく。それこそが日本発の真のグローバル企業だと思う。そうなっていく素材があるのがサントリーだ」

時折、笑顔を交えて「とても緊張してます」「プレッシャーは大きい」などと〝素〟の部分も覗かせた。1959年1月生まれの新浪は佐治より13歳年下である。81年に慶應義塾大学経済学部を卒業し、キリンと同じ三菱グループの三菱商事に入社。三菱商事系列となったローソンの社長に就いたのは2002年5月だった。

こうして、ウイスキーを中核とするグローバル化に向けた体制は整う。ビーム社買収によるビームサントリー設立、そしてグローバル展開を担えるトップである新浪の外部からの招聘だ。

稀代のM&A名手、佐治信忠

会見後のぶら下がり取材で、記者から「(父親の)佐治敬三《けいぞう》さんが生きていたら、今回の人事を何と言うでしょう?」と問われたのに対し、

「『やってみなはれ』や」

と明るく笑った佐治信忠は、１９４５年11月、兵庫県に生まれる。祖父はサントリー創業者、鳥井信治郎(１８７９~１９６２年)。父親は信治郎の次男で、佐治家に養子に出た佐治敬三(１９１９~99年)。敬三はサントリーの〝中興の祖〟であり、第２代社長(61~90年)を務めた。敬三の長男である信忠は、第４代社長だ。

信治郎の長男の鳥井吉太郎《きちたろう》は、１９４０年に31歳で早世してしまう。吉太郎の長男が、90年から２００１年まで第３代社長を務めた鳥井信一郎《しんいちろう》(１９３８~２００４年)。信一郎の長男がサントリーＨＤ副社長の鳥井信宏である。信忠から見ると信宏は、従兄弟の子にあたる。

ちなみに佐治信忠の母方の祖父は戦艦「大和」の設計者であり、第13代東大総長を務めた平賀《ひらが》譲《ゆずる》。サントリーは08年度から寄付額４億円(５年間)で東京大学に『「水の知」(サントリー)総括寄付講座』を設けた。08年７月４日、安田講堂で「寄付講座に寄せて」と

サントリー「社長の系譜」

初代社長［〜1961］

①

鳥井信治郎
［1879〜1962］

2代社長［1961〜1990］

②

佐治敬三
［1919〜1999］

鳥井道夫
［1923〜2011］

鳥井吉太郎
［1908〜1940］

ホールディングス副会長
鳥井信吾
［1953〜］

4代社長［2001〜2014］

④

佐治信忠
［1945〜］

3代社長［1990〜2001］

③

鳥井信一郎
［1938〜2004］

ホールディングス副社長
鳥井信宏
［1966〜］

題して挨拶した際、信忠は祖父・平賀について公の場で初めて言及した。なお、母親は信忠を出産後に急逝している。

信忠は1968年に慶應義塾大学経済学部を卒業した後、カリフォルニア大学ロサンゼルス校経営大学院を修了。ソニー商事を経てサントリーに入社したのは74年。最初に頭角を現したのは80年。ペプシコーラの在米ボトリング会社「ペプコム社」の買収を、彼が手掛けたのである。買収金額は220億円。佐治が、グローバル化をサントリーの目標と捉えるきっかけになったM&Aである。80年当時、日本ではM&Aという言葉そのものが一般的ではなかった。アメリカ留学の経験がある佐治だからこそ、断行できた側面はあったろう。

99年から日本国内でサントリーがペプシコーラを販売する遠因にもなるが、サントリーが実行した最初の大型M&Aがペプコムであり、ビーム社買収まで、サントリーは数多くのM&Aを海外で実行していく。

佐治はよく、M&Aについて次のように言う。

「これまで主に海外でM&Aを展開してきたが、その経験から言えば、1プラス1は必ずしも2にはならない。3や4になることもあれば、2より小さくなることもあり得る。相手がもつ潜在力などの内容を見ることが大切」

サントリーにとって、グローバル戦略の柱はM&Aであり、多くの案件の中心には佐治信忠がいた。最初に井戸を掘った佐治信忠は、サントリーのなかでM&Aのスペシャリストのような存在であり、実行やその判断を担ってきた。同時にグローバル化の舵取りの役割を果たしてきた。

佐治は82年に取締役、90年には代表権をもつ副社長に就任。この時点から、主力であるビール事業とウイスキー事業では実質的なトップとなる。社長になったのは2001年だ。

M&Aについては、近年ではニュージーランドのフルコア・グループ、フランスのオランジーナ・シュウェップス・グループ、イギリスの老舗ブランド、ルコゼードとライビーナ、そしてアメリカのビーム社。「多くを手掛けてきたが、ほとんどのM&Aは成功しています」と佐治信忠は自信を見せる。

グローバル化が遅い食品業界

ではなぜ、サントリーはM&A、そして社長のヘッドハンティングをしてまで海外事業を強化していくのか。

大きな理由は、国内の少子高齢化である。人は高齢になるほどに、とりわけ酒類を摂取しなくなっていく。

酒類・飲料を中心とする食品は、流通、日用品と並び、三大国内産業と揶揄《やゆ》されるほど、国際化が遅れていた。別の表現をすれば、規模の大きなビール大手4社をはじめ多くの食品企業は、内需だけで市場をシェアし合って（分け合って）やってこられたのである。世界では、合従連衡《がっしょうれんこう》が進んでいてもだ。

しかし、戦後の1947年から49年に生まれた約800万人の団塊世代のうち、49年生まれまでが、2014年末にはみな65歳となった。総務省の調べ（16年9月）では、総人口に占める65歳以上の高齢者の割合は27・3％（前年比0・6％増）。この割合は25年には30％を突破すると予測されている。すでに、総人口そのものが減少へと向かっているため、海外展開は待ったなしの状況なのだ。

世界に出るための大きな動きとして、最初に浮上したのが「キリン・サントリーの経営統合」だった。09年7月13日の日経新聞のスクープを覚えている方もいるかもしれない。

それではなぜ、統合に向けて動き出したのはこのときだったのか。

キリン、サントリー経営統合へ

持ち株会社統合で交渉

売上高3.8兆円に

酒類・飲料で世界最大級

食品最大手のキリンホールディングスと2位のサントリーホールディングスが経営統合の交渉を進めていることが明らかになった。両社持ち株会社の統合案を軸に最終調整、年内の合意を目指す。実現すればビールと清涼飲料で国内首位に浮上。世界でも最大級の酒類・飲料メーカーとなる。統合で国内市場の収益基盤を強化、成長が見込まれる海外市場を共同開拓し、世界的な勝ち残りを目指す。（関連記事3面に）

サントリーＨＤ　佐治信忠社長

キリンＨＤ　加藤壹康社長

08年度の世界の食品メーカーの売上高

ネスレ	（スイス）	93,600
ユニリーバ	（英・蘭）	52,200
ペプシコ	（米　国）	40,000
クラフト・フーズ	（米　国）	39,000
キリン＋サントリー	（日　本）	38,164
コカ・コーラ	（米　国）	29,600
⋮		
キリンホールディングス	（日　本）	23,035
⋮		
サントリーホールディングス	（日　本）	15,129
⋮		
アサヒビール	（日　本）	14,627
⋮		
味の素	（日　本）	11,903

（注）単位は億円。外国企業は10億円単位を四捨五入

内需の有力企業同士が手を組み、グローバルでの成長を追う形での再編が今後、加速しそうだ。

昨年末にキリンの加藤壹康社長とサントリーの佐治信忠社長が会談し、水面下で統合交渉を進めてきた。サントリーは少人数からなる専門チームを設け、キリンもM&Aを専門に手掛ける部署を中心に両社で調整を進めている。7月上旬までに統合交渉に入ったことを両社長から関係役員にも伝えた。

複数の関係者によると、両社の持ち株会社を統合し、傘下にキリンとサントリーの各事業を置く案が有力。その後、段階的に酒類や清涼飲料など各事業を一本化する案が浮上している。

両社の2008年12月期の連結売上高の合計は約3兆8200億円。酒類・飲料メーカーではビール世界首位のアンハイザー・ブッシュ・インベブ（ベルギー）や米コカ・コーラを上回り、飲料事業最大手の米ペプシコや総合食品大手の米クラフト・フーズに肩を並べる規模になる。

両社はともに08年12月期決算で最高益となったが、景気悪化による急激な消費の冷え込みに危機感を強めていた。国内では少子高齢化が進み、今後も売り上げの大幅な伸びは見込みにくい。両社は豪州地域の飲料事業などを相次ぎ買収するなど成長戦略の軸足を海外にシフトしつつある。

出所：2009年7月13日付け日本経済新聞朝刊

前述したように佐治ははじめから、キリンとの連合を狙っていた。02年5月、拙著『ビール15年戦争』のための取材に対し、「5年後に現在の4社体制が存続しているのはあり得ない。最低でも2位に入っていなければ事業は成立しなくなる」などとしたうえで、5年以内に国内でM&Aを行使する可能性があり、その場合の対象は、「キリンビールとなるだろう。必要な資金はサントリーの上場により賄《まかな》っていく」と発言したのだった。

M&Aを熟知する佐治は、話が表面化する少なくとも7年も前から、統合のビジョンをもっていたのだ。国内の少子高齢化、人口減は、最初からわかっていたこと。統合計画は、思いつきで始まったわけではなかった。

立ち消えた「キリン・サントリー統合」

6月の会見で新浪は「サントリーを海外で戦える会社にしていきたい。（キリンとの統合交渉が表面化したとき、統合は）佐治さんが考えたのだと思った。三菱グループのキリンも一時は統合に動いたのには、驚いたが」と話した。

この言葉の通り、考えたのは佐治だった。佐治が、当時のキリンビール社長だった加藤壹康《かずやす》と会い始めたのは、加藤が社長に就任した06年春からとされる。2人は慶應義塾大学の同級生だ。

とはいえ、学生時代は会話を交わしたこともなかったという。佐治はキャンパスでは有名人だった。背が高く、何より有名企業サントリーの〝御曹司《おんぞうし》〟として知られていたからだ。

一方の加藤は、静岡から上京した一学生に過ぎなかった。そんな2人が、卒業から40年後、食事をともにするような形から定期的に会うようになる。

やがて「経営統合」について佐治は言及し、サントリーの役員数人に、キリンとの統合を考えており「これから交渉を始める」と打ち明けたのは、08年春とされる。

08年7月には世界最大手のインベブ（本社はベルギー）が、「バドワイザー」のアンハイザー・ブッシュ（本社は米セントルイス）を520億ドルで買収することを決める。アンハイザー・ブッシュ・インベブ（ABインベブ、本社はベルギー）が誕生して、世界的な再編は一気に進む。

だが、08年9月にリーマン・ショックが発生し、世界は金融収縮へと向かった。最大手のABインベブなどM&Aに明け暮れた世界の超大手は、いずれも経営が揺らぐ。現実に、ABインベブは中国大手である青島ビールの株式を約27%保有していたが、09年に入るとこのうちの19・99%をアサヒに売却した。大型買収で資金繰りに窮したのが大きかった。ここに、〝日の丸ビール連合〟にとっての勝機があったのだ。

ただし、世界で戦うための前提は経営統合することにほかならない。単独ではとてもではないが、世界では勝てなかった。

「統合により日本国内で圧倒的なポジションをもち、世界に打って出る」（佐治）というシナリオだったのだ。

サントリー・キリンの経営統合に関して日経がスクープした翌日の夜。加藤壹康キリンHD社長（当時）は、「年末までの合意に向けて、現在交渉を進めている」と、統合交渉の事実関係について筆者に認めた。中央区の自宅でのことだった。

その後、港区内の佐治の自宅前に移動。筆者ら記者団に、帰宅した佐治は饒舌に語った。

「最初からキリンしか考えていなかった。商品開発力をはじめキリンのポテンシャルは魅力。今回は、〝婚活〟がうまくいった」

「仲人はいない。相思相愛で話は進んだ」

「キリンとの統合をにらんで、（09年春に）持株会社制にした。まずは持株会社を、次にビールや飲料などの事業会社と、統合は2段階で行っていくが、（2つの統合作業が）完了するのに（あと）16カ月程度はかかるだろう」

「持株会社の会長、社長は（佐治と加藤の）どちらがやるかは、まだ決まってはいない」

「ビール事業会社の社長はキリンさんから、飲料会社の社長はうちから出すだろう」

「統合により世界に打って出る」……。

7月中には、公正取引委員会に統合に向けた交渉に入っていることを伝える。08年度における両社の売上高はキリンが約2兆3000億円、サントリーが約1兆5000億円。統合が実現していれば、年間売上高が約3兆8000億円という、世界5位の巨大食品企業が誕生となるはずだった。

ビールやウイスキーなどのすべてのアルコール飲料、同じく炭酸やミネラルウォーターなどのすべての清涼飲料、さらに健康食品と、扱う商品の幅が広い、世界でも例を見ない総合食品会社である。両社の商品開発力や資本力をひとつにすれば、欧米の大手にも対抗できると思われた。

07年7月に純粋持株会社制を導入していたキリンHDでは、09年3月に事業会社のキリンビール社長に生産出身の松沢幸一《まつざわこういち》が就任。同じく清涼飲料事業会社のキリンビバレッジ社長には、メルシャン専務だった前田仁《まえだひとし》が就いた。2人はともに1973年入社組。

サントリーのビール部門トップは、営業出身の相場康則《あいばやすのり》（現在はサントリーHD副社長）だった。このため、バランスを考慮して技術系の松沢が起用されたといえよう。佐治の言葉をそのままつなげば、主力であるビール事業会社のトップに松沢が就く公算は強かった。

また、前田はビール「一番搾り」の開発責任者を務め、発泡酒の「淡麗」、缶チューハイ「氷結」など、キリンを支えるヒット商品の開発を指揮したカリスマ。2006年にはメルシャンのTOB（株式公開買い付け）も担当していた。「経営者の素養がある人」（加藤）、さらには「いつかは社長」（当時のキリン幹部）とも評されていた逸材だった。

2人の人事が決まったのは09年1月。慶應出身の佐治と加藤が密会を重ねたなかでのタイミングだったが、キリンも統合への準備を怠ってはいなかった。

破談の理由は何だったのか

表面化した後、統合プロジェクトは、サントリー側は青山繁弘《しげひろ》副社長（当時、現在はサントリーHD最高顧問）をリーダーに、部長級が約15人。キリン側のチームは、古元良治《ふるもとよしはる》常務（当時、すでに退任）がリーダーを務めた。

ファイナンシャルアドバイザーとしては、サントリーはゴールドマン・サックスの日本法人。キリンには、三菱UFJ証券と、モルガン・スタンレー証券がついた。

だが、11月に入り統合比率をめぐって交渉はストップしてしまう。背景には寿《ことぶき》不動産の存在があった。

寿不動産は、サントリーの株式の89・32％を握る創業一族の資産管理会社だ。統合会社の株式の3分の1超を、寿不動産が保有すること。これは、佐治が加藤に事前に出した条件だった。株式の3分の1を握ると、合併や増資など経営の重要事項への拒否権をもつことができ、経営に強い影響力を行使できる。

両社のプロジェクトチームは双方の資産査定（デューデリジェンス）を行い、売り上げや成長性、ブランド力などから会社の価値を数値化する。

この結果、統合比率について、キリン側は「キリン1に対しサントリー0・5強」を主張したとされる。サントリーの企業価値はキリンの半分という見立てだが、この比率では寿不動産の株保有比率は29・8％となり3分の1を割ってしまう。

「話が違う……」。創業家からは嘆きの声が漏れる。寿不動産の株主には鳥井・佐治一族が名前を連ねており、社長は佐治だ。寿不動産を通じて創業家はサントリーの経営を支配していた。

サントリー側が最初に提示した比率は、1対0・9。これならば、統合会社に占める寿不動産の株保有率は42・3％となり、3分の1を超える。

本来は、09年中に合意する予定だったが、10年に持ち越される。「まさか、話が流れることはないだろう」と、とりわけサントリーサイドは見ていた。しかし、統合比率をめぐる妥協点は見出せずに、翌10年2月8日、統合交渉は破談する。

８日午前、千代田区の東京會舘で会見したキリンの加藤は、寿不動産が統合する新会社の株式の３分の１超を保有することについて「所与のことと考えていた」と語ったが、「統合後に株式公開会社となる新会社の経営の独立性、透明性を確保することについての認識が一致しなかった」と説明した。

この日の夕刻、港区台場にあるサントリー東京本社で記者団の前に現れた佐治は、「サントリーの経営は透明だ。何をもって透明性というのかはわからん」と反論した。

この日の夜、佐治はいつもより早い夜10時前に帰宅した。自宅前で、「いまでも、キリンが最高のパートナーだと思っている」としたうえで、次のように話した。

「パブリックカンパニーと一緒になるのは、企業文化も違い難しかった。サントリーと似た、海外の同族企業をパートナーに考えたい」と。

言葉の通り、４年後の14年、ビーム社を買収する。ビーム社の経営に創業家は関わってはいないが、ウイスキー造りの現場はいまも創業家が品質チェックを担っている。これはサントリーも同様だ。

一方、破談の直後、責任を取る形で加藤は代表権のない会長に退任する。さらに、12年３月には相談役に退いた。

それにしてもなぜ、企業の将来を左右するＭ＆Ａはあっけなく流れたのか。

キリンの当時の幹部は、次のように話す。「加藤さんは、強権をもつようになっていた。創業家の佐治さんとは違い、サラリーマン社長でありながらです。だからこそ、経営統合へとキリンは動けた。その一方で、加藤さんは嫌いなことをやろうとしない。統合案件が浮上して、取引先への説明が求められたときでした。加藤さんは大手問屋のトップをはじめ、自分が苦手な大物には、会いに行こうとしなかった。仕方ないので、役員らが赴くわけですが、相手に対して失礼です。自分で決めたのだから、加藤さん自身が行くのが筋なのに。トップの加藤さんの振る舞いを見ていて、統合に対する熱が冷める幹部もいました」

文化の壁は越えられない？

サラリーマン企業のキリンと、オーナー企業のサントリーとの「コーポレートガバナンス（企業統治）に対する考え方の違いが破談という結果を招いた」（あるアナリスト）と言ってしまえばそれまでだろう。

単純に経営統合だけを目的にするなら、時間をかければ果たせていたのかもしれない。

しかし、ビールを軸に「世界に打って出る」とすれば、時間の余裕はなかったはずだ。

リーマンショックで世界の超大手の経営が揺らいでいる間隙《かんげき》を突き、反転攻勢をかけていく。佐治が09年7月に自宅前で語った「16カ月」は、少なくとも10年の年末までには2段階の統合を果たすという意味だったろう。

サントリーは1996年に上海へビール事業で進出する（それ以前は連雲港市《れんうんこう》で展開していた）。ヒット商品開発や新たな流通政策の導入、中国初の飛行船広告により、わずか3年で上海でシェアトップに躍り出た。それまで首位だったハイネケン系の力波《リーボ》を押しのけてである。

ところが、2008年には英SABミラー（現在はABインベブ）が、資金力を背景に上海市場に攻め入ってきた。この結果、サントリー（中国では「三得利」）はシェア№1ではあるものの、上海ビール事業が赤字に転落してしまう。

08年当時、キリンは上海の飲食店向けの業務市場で頭角を現しつつあった。両社が迅速に協力できたなら、上海市場での基盤を強固にできたかもしれない。もともとサントリーは、1980年代に初めての外資のビール会社として中国に進出した。中央政府からの要請を受けてである。最初の10年間は「筆舌に尽くしがたい苦しみ」（中国ビジネスに参加していた当時の幹部）を味わうが、上海に展開して以降の90年代後半から07年までは、日本企業による中国進出の〝成功モデル〟だった。

しかし、赤字に転落し、キリンとの統合も流れてしまう。12年には青島ビールと合弁を設立。青島の販売力に活路を求めたが、16年には事業を青島に売却する。30年以上続いた、中国のビール事業をめぐるサントリーの戦いはここで終了した。ちなみに、いまでも「三得利」のブランドは残っていて、上海市民から根強い支持を受けている。

それはともかく、結婚する2人が、後顧の憂いがないよう、両家の関係者に理解を求めるために時間をかけることはよくある。新しい形になるにせよ、上場企業ならばステークホルダー（利害関係者）への説明責任は徹底して果たさなければならない。その一方で、ビジネスチャンスは一瞬である。そのなかで経営統合は流れた。統合交渉は、マーケティングや人事など両社の機能別にも進められていた。キリン側からある機能別の交渉に参画していた幹部は言う。

「統合比率ばかりが破談の原因と言われますが、本質は違うところにありました。それ以上は言えません」「ただ、統合を前にサントリーが持株会社制を採用したことで、事業会社がいくつも生まれた。さらに14年10月にはサントリービールもできた。これにより、『サントリーで社長になるのは創業家だけ。自分は社長にはならない』と社員はみんな思っていたのに、プロパー社長がたくさん誕生した。人を育てる、という側面からするとメリットがあったのでは」

サントリーの幹部は言う。「キリンとの統合計画が浮上したとき、若手はみな歓迎していました。会社に新しい可能性が開けると。ウイスキーのブレンダー部門なども、キリンの原酒を使った新しい商品をつくれると歓迎だった。一方、技術や営業などで実力をもつ人を除く50代は、おおむね反対だったように見えました。残り少ない会社人生で、統合がもたらす変化を恐れていたようでした」

統合がもたらした、もうひとつの影響

統合交渉が浮上した直後、当時はアサヒビール社長だった荻田伍《おぎたひとし》（後に会長、現在はアサヒグループHD相談役）は筆者に言った。

「もう、シェア競争は意味がありません。キリン・サントリーができてしまうと、その存在はあまりに大きいから」

アサヒトップがこう考えたためではないのだろうが、09年にキリンは9年ぶりにアサヒを抜いてシェア1位を獲得する。ビール類（ビール、発泡酒、第3のビール）の出荷ベースで、キリン37・7%、アサヒ37・5%、サントリー12・3%、サッポロ11・7%と続いた。単純にキリンとサントリーのシェアを加算すれば、ちょうど50%となる。日本市場でシェアが50%を超えたのは88年のキリンの51・1%以来だ（ただし、当時は正確な出荷量

大手ビール5社のシェア

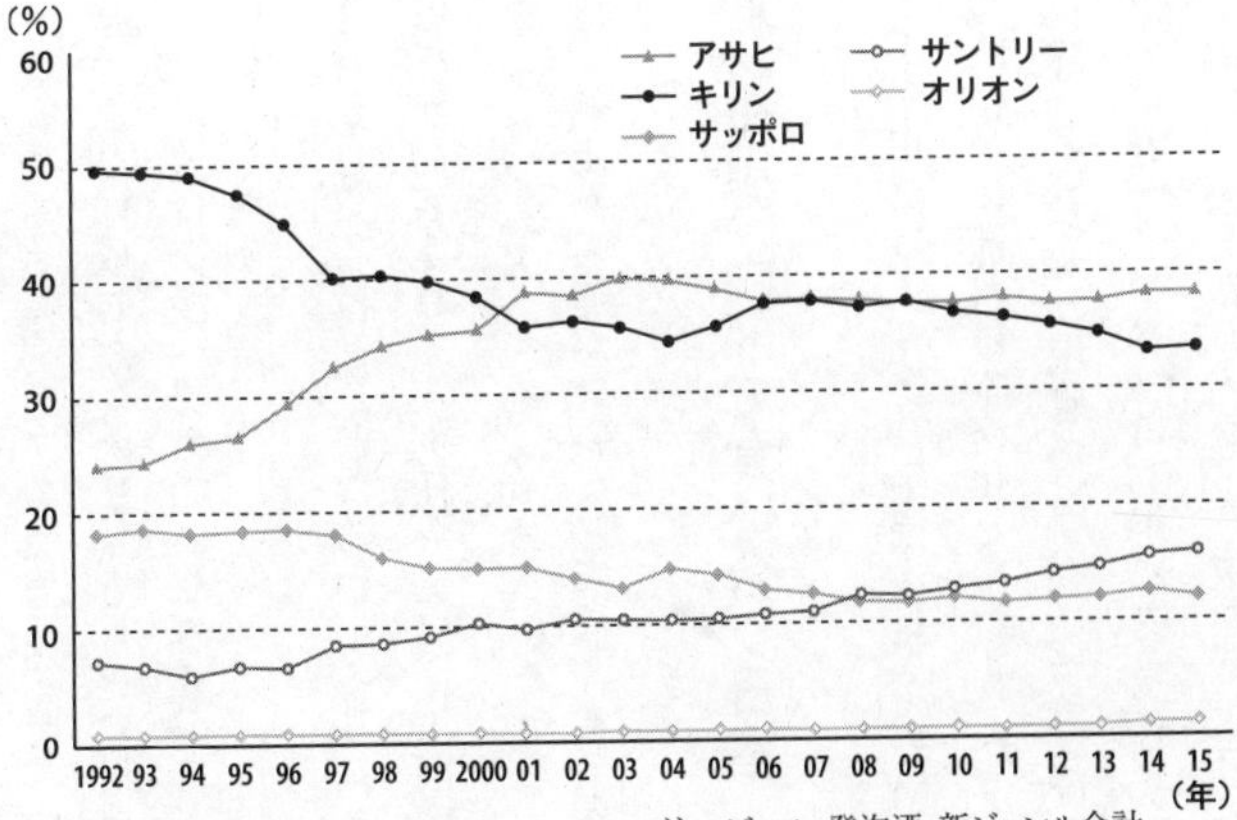

注：ビール・発泡酒・新ジャンル合計

ではなく販売量のシェア）。

また、キリンがシェアトップに立ったのは、いまのところ09年が最後。

荻田政権時にアサヒビール専務だった泉谷《いずみや》直木《なおき》（現在はアサヒグループHD会長）は、とあるシナリオをスタッフたちと作成していた。それは、「キリン・サントリー統合会社の社長に自分が就いたと想定し、国内市場でアサヒを駆逐してしまうシナリオ」だった。

「こうすれば、アサヒは息の根を止められます」

「わかった。では、我々が生き残るためには、どうすればいいのか。

このシナリオをたたき台に考えていこう……」

しかし、せっかく作成したシナリオも、その対抗策も、現実には行使せずにすむ。「両社のトップが統合交渉を認めていたので、まさか流れてしまうとは思いも寄らなかった」と泉谷は話した。

実は10年3月から泉谷は社長となるが、キリン・サントリー統合交渉の破談した2月8日に、社長就任が発表される。就任会見は、午前中の加藤と、夕刻の佐治とのあいだに組み込まれた。

「泉谷さんは、船出から運がいい」と指摘する業界関係者もいる。

再編が進む世界、内部で食い合う日本

世界のビール市場は1990年代後半からM&Aによる再編が始まり、とりわけ2000年以降にその流れは本格化していく。

背景には世界的な金余り現象がある。豊富な資金からM&Aが相次ぎ、世界最大手のABインベブの前身、インベブは04年にブラジルのアンベブとベルギーのインターブリューが統合して誕生。英SABミラーを抜きトップに立った。前述の通り、08年には「バド

ワイザー」で知られる米アンハイザー・ブッシュを520億ドル（約5兆円）で買収し、ABインベブとなった。

07年当時、両社の販売量を単純に合算すると約4230万キロリットルとなる。これは、世界全体の消費量（07年推定）である約1億7551万キロリットル（前年比5・6％増）の約24％を占め、それまでインベブと世界首位を競っていたSABミラーの2327万キロリットルを圧倒する。

ちなみに、07年における日本の消費量は前年比0・3％減の628万キロリットル。ABインベブの販売量は、日本の消費量の6・7倍の規模だ。また、14年の日本の消費量は同1・5％減の540・7万キロリットル。国別では世界7位。世界に占める日本市場の構成比は2・9％に過ぎない。

08年9月のリーマンショックから、世界大手の財務は悪化。ABインベブは09年に入ると、保有していた中国・青島ビールの株式27％のうち、19・99％をアサヒビールに593億円で売却することを決める。

だが、信用収縮が収まると、大手は再び息を吹き返していく。

世界のビール市場は拡大を続け、ABインベブの世界シェアは13年で約20％。SABミラー、オランダのハイネケンはともに10％弱を有し、世界市場は大手列強による寡占化が進んでいく。

そして15年秋、ABインベブはSABミラーを710億ポンド（当時の為替レートで約13兆円）で買収することを決めた。翌16年10月、買収は成立する。買収金額は790億ポンド（円高が進んだため、当時の為替レートで約10兆1000億円）に跳ね上がったが、世界シェア約27％の超巨大ビール会社の誕生だった。

リーマンショックが生んだ間隙を、キリン・サントリーが本当に突けたかどうか、いまとなっては未知数である。


1980年代、キリンは世界で3位争いをしていた。しかし、87年に当時は経営危機に直面していたアサヒが乾坤一擲《けんこんいってき》で放った「スーパードライ」が大ヒット。以来、現在にいたるまで国内の「ビール戦争」が継続されている。世界が再編の嵐にあっても、我が国は戦国時代が明けていない状態なのだ。

現在キリンは世界8位、サントリーはトップテン圏外の13位。自動車や電機産業のように、ビール産業は海外に打って出られなかった。そうしたなかでのキリン・サントリー統合計画だったが、最終的には幻に終わり、列強は経営を建て直していった。

地産地消が求められる醸造酒のビールでは、もはや勝ち目はない、と佐治は判断したのだろう。為替変動とあまり関係なく輸出が可能な、付加価値の高いウイスキーを中心とする海外戦略に、サントリーは大きく舵を切った。ビーム社買収によってだ。これは、「量」ではなく「質」で勝負する土俵へのシフトでもある。

崩れぬ「ビール4社体制」

さて、少子高齢化が進み、さらに国内人口は減少へと向かっているのに、なぜビール4社体制は維持され続けているのか。その理由のひとつは、値上げである。

酒税増税を原因としない値上げは、1990年と2008年に実行されている。

1990年当時は、酒販店でしかビールを売っておらず、発泡酒や第3のビールもなかった。しかもビールは定価販売の時代である。シェアは5割弱でトップだったキリンに対し、4位サントリーは8％にも満たなかった。

にもかかわらず、4社は同率で同時期に、値上げを実行する。もちろん、4社の利益率も異なっていた。「流通（の経営）がもたないんだ」（当時の樋口廣太郎《ひぐちひろたろう》アサヒビール社長）という説明だった。

18年経過した2008年にも、麦やアルミ地金などの原材料値上げを理由に、4社はほぼ一斉に値上げしていく。

こんなとき、業界の盟主として値上げに踏み切るのはキリンだ。1990年の値上げもそれ以前もそうだったが、キリンはビール類業界のなかでは〝学級委員長〟の位置づけで変わらない。シェアでトップのアサヒビールにしても、業界全体のこれからを左右する局面となると、指揮棒をキリンに譲り、「キリンさんが、先頭でやっていただかないと」などと言う。

とりわけ、2000年、01年、02年の年末に、業界を挙げて実行した「発泡酒増税反対」運動は、佐藤安弘《やすひろ》（当時キリンビール社長、会長）が一貫してリーダーを務めた。有事になると、キリンは前面に出て、3社はその後ろにまわる。原価積み上げをはじめ、業界の秩序を維持していく中心に、キリンはいつもいる。

もちろん、4社体制を必ず維持しなければならない、という決まりがあるわけではない。海外大手が日本に進出しない要因は、酒税が複雑で高い、流通が複雑、セブン&アイ・ホールディングスやイオンといった超大手小売の、価格決定をはじめとする支配力が高まっていることなどだろう。だが、酒類や飲料などのメーカー、さらに卸など流通の国内再編は進み、海外大手が進出する可能性もゼロではない。

アサヒの荻田は14年3月、筆者の取材で次のような警鐘を鳴らした。

「アンハイザー・ブッシュ・インベブなどの世界の大手が、日本のビール会社を呑み込む日が来るかもしれない。グローバル化の波は容赦なくやってくるのですから。いままではなかったから、これからも大丈夫といった考え方が、一番いけない。アサヒにしても、買収の危険に晒されます。それだけに、世界と戦う覚悟は求められる」

統合破談と両社の明暗

09年11月の交渉で、キリンは統合比率を「キリン1対サントリー0・5強」と打ち出した。

それからほぼ7年が経過した16年11月末日の終値で比較すると、キリンHDの時価総額は1兆7032億円。これに対し、サントリーHD傘下のサントリー食品インターナショナル（サントリーBF）の時価総額は1兆5125億円。本体と子会社との比較ですら、1対0・89である。

「結果は残念だったが、やるだけのことはやった」

果たして佐治は落胆した様子を、マスコミには見せなかった（悔いてはいたようだったが）。現実に、統合プロジェクトに参画したメンバーは、青山がサントリーＨＤの代表権をもつ副会長（当時）になったのをはじめ、「みな出世しています」（サントリー首脳）という。

対するキリンはといえば、加藤は実質的に責任を取って辞任、古元はすでに退任し、「メンバーも東南アジアやブラジルに異動させられるなど、本社にはいない。優秀な人が多かっただけに、ああした人事は会社にとって損失ではないか。人事の明暗が、その後の両社の明暗と重なっている」（同）。

これに対し、キリンの機能別交渉に参加した幹部はこう反論する。「海外転勤した人は、みな出世なのですよ。経営職（キリンでは管理職をこう呼ぶ）として昇格していますから。また、オーナー企業のサントリーとは違って、事業会社を含めて役員も執行役員も新陳代謝は早いのです。固定化されずに新しい人が登用されていく」

12年に入ってから、サントリーの事業会社の役員に「なぜ業績が好調なのか」を聞いたことがあった。すると次の答えが返ってきた。

「経営統合が破談し、大きな存在であり、優良企業でもあるキリンさんの力を頼ることができなくなりました。これから先は、自分たちだけでやると決まり、前よりもみんな真剣なんです」、と。

鳥井憲護・サントリースピリッツウイスキー部長（現在はサントリースピリッツ海外戦略部長）は言う。

「サントリーの強さは、創業者がつくった、文化を創る精神です。需要創造する、新しい価値を創造する、無から有をつくり出していく。〝やってみなはれ〟ですから、創造に重点が置かれていて、既存の市場でシェアを取ることはそれほど熱心ではない。

サントリーの弱さは、ロジカルでない点。行動から入る。過去がどうだったかなど、あまりこだわらないのです。

キリンですか？ あの会社は賢い。市場を俯瞰して、マーケティングをして、どこで勝つのか戦略戦術を明確にし、技術をはじめ経営資源を計画的に投入していく。きわめてロジカルに攻めていきますね。漠と市場を捉え、スピードで攻めるサントリーとは真逆です」

大ヒット商品となった発泡酒「淡麗」、缶チューハイ「氷結」の開発者である、キリンの和田徹スプリングバレーブルワリー社長は言う。

「キリンの強さは、商品開発におけるオリジナリティの高さにあります。ライバルがつくることのできない独創的なものを、キリンは先行してつくることができる」

和田はもともと、ウイスキーメーカーのキリン・シーグラム（現キリンディスティラリー）出身。和田が開発・商品化した「氷結」は、それまで缶チューハイのベース酒は焼酎であったのをウオッカに変えて、大ヒットに導いた。また、15年に参入したクラフトビール事業を立ち上げた。

一方で、

「キリンの弱みは、ライバル社も商品開発のレベルが上がってきているのに、あまり警戒しないこと。まだ自分たちのほうが上にいると、安心してしまう。

サントリーについてですか？　サントリーは強力なライバル。商品開発でも投資のスタンスがはっきりしているし、商品のブランディング力も高い。欠点はあまり見当たりません」

第2章

サントリー

「やってみなはれ」の元ベンチャー

明治の一大ベンチャー、サントリー

「まぁ、そう言わずにやってみなはれ」

あるいは、

「やれるだけのことはやりなはれ」

サントリーの創業者、鳥井信治郎は口癖のように、社員に言っていたそうだ。

創業者はサラリーマン社長とは違う。したがって、発する言葉は絶対である。常識的には不可能であり、社員が「とてもできません」と尻込みするときでも、信治郎は発したとされている。

アントレプレナー（起業家）といえばカッコイイ響きだが、起業家が何もかもひとりでできるわけでもない（ある段階までの成功を収めた後、伝記作家のような人が、起業家にすべての功績を集約させた美しいストーリーをつくることが多いだけである）。

決してすべてではないが、起業家には相棒がいるケースが多い。相棒は、起業家が事業を興すときに抱いたビジョンを形にする実行者であり実務家である。たとえば信治郎が若いころ奉公した〝船場《せんば》学校〟の後輩にあたる松下幸之助《こうのすけ》には、実務家として義弟の井植歳《いうえとし》男《お》（後に三洋電機を創業）がいた。ソニーの井深大《いぶかまさる》には同じく盛田昭夫《もりたあきお》が、ホンダの本田宗一郎《そういちろう》には藤沢武夫《ふじさわたけお》がいて、ビジョンや夢を実現させる役割を担った。

病気がちだった幸之助に代わり、営業の前線に出て関東への販路を広げたのは歳男だった。本田宗一郎は小型エンジンつき自転車「バタバタ」をはじめヒット商品の開発や技術開発に没頭していたのに対し、商品の代金回収や資金繰りをはじめ経営全般を担ったのは藤沢武夫だった。

起業家がいなければ会社はできない。起業家にはビジョンやロマンが必要だ。しかし、ひとたび船出をすると、誕生したばかりの会社の経営を現実に即して軌道に乗せていく実務家が、創業期には大きな役割を果たす。

一方で、起業家と実務家の両面を担った創業者も、言うまでもなく多い。京セラを創業した稲盛和夫《いなもりかずお》（後に日本航空を再生させる）、ダイエーの中内㓛《なかうちいさお》、ソフトバンクの孫正義《そんまさよし》……。鳥井信治郎は、こちらの範疇に入る。

しかし、両面をもった創業者にも、人によって濃淡はあるはずだ。何事もやってしまう中内のような起業家もいれば、メンバーにある程度は任せた人もいただろう。

鳥井信治郎の「やってみなはれ」には、創業期の会社に最も必要とされる実行力、そして挑戦心を社員に求める響きがある。前例や常識を超えた要求も当然あったはずだ。『美酒一代 鳥井信治郎伝』（杉森久英《ひさひで》著、新潮文庫）によれば、信治郎について〈その激しい性格であらゆる人に恐れられた〉とある。起業家はアイディアマンで創造性に富むタイプは多いが、それ以上に事業を起こしたのだから、恐れられるという点では共通する。

その一方、そのような会社の社員はといえば、〝寄らば大樹〟を望む安定志向ではない。起業家がつくったばかりのベンチャーに入社するわけだから、起業家とともに「ひとやま当てよう」と野望をもつタイプは多いだろう。同時に、彼らは起業家とともに成長を目指す創業メンバーだ。

創業期の社員にも〝鳥井商店は自分の会社〟という意識は強かったことだろう。だから、どれだけ働いても疲れないし（長時間労働を推奨するつもりはないが）、会社にはエネルギーが溢れている。既存の勢力に取って代わろうとばかり、新しいこと、挑戦、そして変化を好む。「官僚化している」ということもない。何しろ、官僚化すればできたての小さな会社は、すぐに潰れてしまう。

「やってみなはれ」は、社員を実務家に昇華させ、同時に仕事と会社を面白く変容させた。

「やってみなはれ」が生まれたとき

いずれにせよ、「『やってみなはれ』が、サントリーのDNA」（佐治信忠会長）なのは、昔もいまも変わらない。

この言葉が、最も象徴的に使われたのは1961年春。寿屋専務の佐治敬三が、ビール事業参入の意思を、病気で自宅療養していた信治郎に伝える。このときに、創業者が息子に対して発したとされている。『新しきこと面白きこと　サントリー・佐治敬三伝』（廣澤昌《まさる》著、文藝春秋）には次のようにある。

「わてはこれまで、ウイスキーに命を賭けてきた。あんたはビールに賭けようというねんな。人生はとどのつまり賭や。わしは何も言わん。やってみなはれ」

後に、鳥井信治郎の一生を描いた北條誠の芝居「大阪の鼻」には、このような名台詞でこの場面が表現されている。

後述するが、信治郎は戦前にビールに参入し、撤退した経験をもつ。美談として芝居にもなっているが、現実には信治郎は敬三を心配していたようで、「息子がこれから若気の至りで無茶をやりよるらしいので」と、大物に後事を託していたとも言われている。

この年の5月、信治郎は会長に退き、社長を佐治敬三に譲った。

数々の大手企業を輩出した〝船場〟とは

鳥井信治郎は1879年（明治12年）1月30日、両替商・鳥井忠兵衛《ちゅうべえ》の次男（男2人、女2人の末っ子）として大阪市東区で生まれる。忠兵衛40歳、母こま29歳のときの子だった。

忠兵衛はやがて米屋に転業するが、信治郎が通っていた小学校の用務員がひどく貧乏で生活に窮していたことを知る。すると、忠兵衛は同情し信治郎に米を1袋もたせて、用務員に届けさせた、というエピソードが残っている。

小学校を〝飛び級〟で卒業した信治郎が、大阪商業学校（現在の大阪市立大学）に学んだ後、親元を離れたのは13歳のとき。

大阪は船場の一角にあたる道修《どしょう》町にあった薬種問屋の小西儀助商店（当時は小西屋）に、信治郎は丁稚《でっち》奉公に出る。薬種問屋は江戸期までは漢方薬を扱っていたが、明治に入ると海外の薬を輸入していたほか、ウイスキーなどの洋酒の輸入販売も手掛けていた。

小西儀助商店は「アサヒ印ビール」を製造していたが、信治郎が入店する2年前に大阪麦酒に譲ってしまう。大阪麦酒は大日本麦酒となり、戦後はアサヒビールとサッポロビールへと変遷を遂げていく。

また、同店は「赤門印葡萄酒」という商品を扱っていた。信治郎が、独立後の1907年（明治40年）に大ヒット作となる「赤玉ポートワイン」を製造販売したのは、赤門印葡萄酒の経験があったからだろう。さらに、昭和に入り信治郎はビール事業に参入して、1930年（昭和5年）に「オラガビール」を発売した（のちに売却）。これもやはりアサヒ印ビールを製造していた同店で育ったためといえよう。

ちなみに、アサヒとサントリーという2大企業の源流でもある小西儀助商店は、いまでもある。接着剤「ボンド」で知られるコニシ（本社は大阪市）がそれだ。ただし、酒類はもう扱ってはいない。

小西儀助商店で4年ほど奉公してから、信治郎は博労《ばくろう》町にあった絵具・染料問屋の小西勘之助商店に移る。薬種商と同様に混ぜること、すなわちブレンド技術を求められる商だった。ここでは3年間働く。

2つの店で合計7年間働いた信治郎は、洋酒造りの知識と情報、ブレンド技術、そして何より商売についての多くを船場で学ぶ。

鳥井信治郎は、大阪商人の原点である大阪・船場が生んだアントレプレナー（起業家）のひとりである。丁稚に徹底した商人教育を施すため船場は船場学校とも呼ばれたが、ある面で起業家のインキュベーター（孵化器）であり、前述したが信治郎の後にはパナソニックを1918年（大正7年）に創業する松下幸之助も生んでいる。

「赤玉ポートワイン」の大ヒット

信治郎は1899年（明治32年）2月、大阪市西区靱《うつぼ》中通2丁目（当時）に鳥井商店を開業。このとき20歳になったばかりだった。

最初に扱ったのは葡萄酒や缶詰。後年、信治郎はワイナリーをもった本格的なワインを製造販売するが、当時の日本では葡萄酒といえば合成ものを指し、最初に扱ったのはアルコールに香料や砂糖を混合したものだった。

ただし、日清戦争（1894年7月～95年3月）が終わり中国貿易は拡大。ときには、中国人商人からの注文が殺到し、応じきれないほどだった。時代の流れもあり、鳥井商店は最初から繁盛する。「やってみなはれ」とばかり、やればやるほど利益は上がった。

しばらくして信治郎は、スペイン人の貿易商セーレス兄弟と知り合う。それまでの輸出中心を切り替え、スペインからポートワインを大量に輸入して国内販売を始める。が、これはまったく売れず在庫の山となった。

「日本人が飲む葡萄酒は、やはり甘くなくては」

こう思い直し、培ってきた調合技術を駆使して「向獅子《むかいじし》印甘味葡萄酒」を発売したのは、1906年(明治39年)のことだった。同時期、店名を「寿屋洋酒店」と改める。そして、翌07年に良質の

鳥井信治郎が創業したサントリーの前身「寿屋洋酒店」(写真は1914年ごろ)

20世紀初め大ヒットした
「赤玉ポートワイン」

スペイン産ワインをふんだんに使い、甘味料と香料の調合に没頭して信治郎がつくり上げたのが「赤玉ポートワイン」だった。

赤玉ポートワインは大ヒットし、会社を成長させていく。

やがて、信治郎はウイスキーへの参入を実行に移す。1911年（明治44年）には、混成ウイスキーの「ヘルメスウイスキー」を製造販売する（当時はウイスキーといえば、みな混成だった）。

スコッチと同じ本格ウイスキーへの参入には、赤玉ポートワインで上げた利益を、すべて吹き飛ばす覚悟が求められた。何しろ、ウイスキーはスコットランドでしかつくることができないとされていたのだ。

それでも、資金と信治郎の調合技術はあった。ないのは、蒸溜施設を含めた工場であり、実際に蒸溜作業をできる専門家だった。

しかも、ウイスキーはほかの酒と違い長期熟成が必要である。最低でも5年は、樽《たる》詰めして、倉庫に寝かせておかなければならない。モノによっては10年以上も熟成させるが、それまでは現金収入を得られないのだ。

「人生はとどのつまり賭や」と晩年、息子に話したとされるが、「やってみなはれ」は創業者自身にも向けられた言葉だった。まさに〝伸るか反るか〟の大一番を迎える。

大正から続くヘッドハンティング術

『日本ウイスキーの誕生』（三鍋《みなべ》昌春《まさはる》著、小学館）によれば、第一次大戦中の１９１６年ごろ〈この時期、赤玉ポートワインは摂津酒造で委託製造されていたが、製造を担当していたのは、大阪高等工業学校醸造科を卒業して入社してきた竹鶴政孝《たけつるまさたか》であった。その後、信治郎は１９１８（大正7）年に竹鶴が留学のため神戸港から出発するのを見送ったばかりでなく、１９２３（大正12）年には、前年摂津酒造を辞していた竹鶴を自社にスカウトすることになる〉とある。

また、神戸港で竹鶴を見送ったのは摂津酒造の社長や社員のほか、〈寿屋の鳥井社長もいた。（中略）後に朝日麦酒社長になる山本爲三郎《ためさぶろう》もまじっていた〉という（『琥珀《こはく》色の夢を見る　竹鶴政孝とニッカウヰスキー物語』松尾秀助著、ＰＨＰ研究所より）。

竹鶴はグラスゴー大学に学ぶが、20年に開業医の娘ジェシー・ロバータ（リタ）・カウンと現地で結婚し同年帰国する（NHKの連続テレビ小説「マッサン」は、竹鶴とリタ夫人の物語がベースだ）。だが、もともとウイスキー参入を計画していた摂津酒造は経営難から参入を断念。教師をするなど浪人していた竹鶴を、信治郎がスカウトしたというのが大まかな経緯だ。

また、山本爲三郎は戦後の49年に、大日本麦酒解体に伴い設立した朝日麦酒（後にアサヒビール、現在はアサヒグループHD）社長となる。54年、ニッカは発行株式の半数をアサヒに譲渡するがこれを主導した。

さらに、サントリーが63年ビールに参入したとき、アサヒ社長だった山本はサントリーと業務提携して、サントリービールをアサヒ系列の特約店（問屋）で扱うことを認めた（発表は62年12月）。前述の通り、ビール参入はサントリー2代目社長、佐治敬三の決断だった。アサヒによる特約店網の開放は、「山本さんは自社のためではなく、ビール業界全体の発展を考え、当時は命より大切だった特約店網をサントリーに開放した」（薄葉久《うすばひさし》アサヒビール元副会長）と言うが、背景には信治郎と山本との長年にわたる交流があったためとも目されている。

ウイスキー参入時に話を戻そう。

信治郎は1921年（大正10年）、資本金100万円で寿屋を株式会社化。翌22年には我が国初の女性ヌード写真を使った「赤玉ポートワイン」のポスターを制作し、全国の酒販店に配布した。赤玉ポートワインの増産体制を確保して販促も拡充していく。

赤玉で得た利益をベースに、前人未踏の国産ウイスキーを成功に導く。そんなシナリオだった。

すでに三井物産ロンドン副支店長だった中村幸助に、醸造技師の招聘を依頼していた。この結果、醸造学の権威だったムーア博士から、「日本に行ってもいい」という言質《げんち》を得る。信治郎は工場用地の選定に入り、全国の候補地から水を採取。スコットランドに送り、博士に水質検査と試験醸造とをやってもらう。

この結果、古戦場として知られる山崎が、工場設立地として浮上する。

山崎は万葉集にも詠まれた名水の里として知られ、日本の名水百選にも数えられている。天王山《てんのうざん》の麓に位置し、平野と盆地に挟まれた地形であり、湿度が高く霧が発生しやすいなど、ウイスキーをつくる条件がそろっていた。

そしてもうひとつ、東海道線をはじめ交通アクセスの利便があった。大阪からも京都からも近く、何かあったら信治郎がすぐに行けるうえ、将来見学客を呼び込むことも容易だった。

ただし、権威は日本には来なかった。そこでスカウトされたのが竹鶴だった。大卒者の初任給は40円から50円だった時代に、博士に予定していたのと同じ年俸4000円（いまならば2000万円とも）で竹鶴を迎える。23年（大正12年）春、竹鶴は寿屋に入社する。ローソン会長だった新浪がヘッドハンティングされる、91年前の出来事だった。

蒸溜所の入り口にて。
「KOTOBUKIYA WHISKY-DISTILLERY」の文字が見える

初期の山崎蒸溜所外観。
総工費は200万円超（当時）

山崎蒸溜所は同じく23年に着工する。総工費は、200万円超。寿屋の命運を賭けた投資だった。信治郎は、工場建設の一切を若い竹鶴に任せる。創業者がもつ、ある種の胆力によるものだったのかもしれない。

麦芽粉砕機や仕込槽《しこみそう》はイギリスから輸入したが、心臓部である蒸溜釜は、初溜釜、再溜釜（いずれも銅製）とも大阪の鉄工所が製作した。

翌24年11月に竣工し、蒸溜作業は同年12月に開始された。

「経験」のディスティラー、「天性」のブレンダー

本場のスコットランドもそうだが、ウイスキー技師は醸造・蒸溜を担うディスティラーと、調合を担うブレンダーとに分かれる。

この場合、竹鶴はディスティラーで、信治郎はブレンダーの立場だ。

ディスティラーは生産の責任を負う工場長といった位置づけでもあり、高品質の原酒をつくることを担っている。勉強して知識を吸収し現場での経験を積めば、たいていの人なら努力によりディスティラーという職務には就けるだろう。

一方のブレンダーは、もって生まれた才能がすべてとなる。単純に嗅覚に優れているだ

けでは務まらない。理想とする完成形に対し、いくつもある原酒をどう調合していけば、できあがるのか。イマジネーションの力、独創性が必要で、閃《ひらめ》きをもった芸術家タイプの人が求められる。

一般に野球の世界では、守備はどんな人でも練習すれば上達すると言われる。これに対し、打撃のなかでも遠くに飛ばす力は、もともとの才能がベースとなるそうだ。ディスティラーは前者に、ブレンダーは後者に似ている。ちなみに、竹鶴はニッカを創業してからは、ブレンダーとしても活躍していく。

また、サントリーではブレンダーのトップであるマスターブレンダーは、創業家が歴代務めている。

初代マスターブレンダーは信治郎、2代目は佐治敬三、そして3代目は現在サントリーHD副会長の鳥井信吾《しんご》だ。鳥井信吾は、信治郎の3男である鳥井道夫《みちお》の長男。創業家が、ウイスキーの最終品質を守っている。

このほかに、現場でのブレンド作業の責任者であるチーフブレンダーがいる。

初の国産ウイスキー誕生と挫折

サントリースピリッツ社長を務めた小泉敦《あつし》（現在はビームサントリー プレジデント アジア）は言う。

「我が国初の国産ウイスキー造りに挑戦した鳥井信治郎は、最初はたいへんな苦労をしました。スコッチの真似をするのではなく、繊細な日本人の味覚に合うウイスキーを目指したのですが、最初はなかなか受け入れられなかったのです」

サントリースピリッツは2014年10月からビームサントリー（本社シカゴ）に経営統合され、日本市場のウイスキーや焼酎、リキュール、缶チューハイといったRTD（レディ・トゥ・ドリンク：購入してそのまま飲める缶・ボトル入り飲料のこと）などのスピリッツ（蒸溜酒）事業を担っている。

この言葉の通り、寿屋は困難にぶち当たる。

まず、ウイスキーがほかの酒と違うのは、長期熟成を伴う点だ。出荷できなければ、現金化はできない。そのあいだも、麦芽をつくる製麦《せいばく》（当時）、ビール状の醪《もろみ》をつくる醸造、そして蒸溜を続けなければならない。蒸溜したニューポットは、樽詰めされて貯酒される。

つまり、金が出ていくばかりで入ってこないのだ。

社史の『日々に新たに［サントリー百年誌］』には、次のようにある。

「ウイスキーいうたら長いあいだ、寝かさんならんもんでっしゃろ。そのあいだずっと、利子がつくんでっせ」

反対は、社内だけではなかった。信治郎とは親しい、味の素の鈴木三郎助《さぶろうすけ》も、製造してから商品となるまで5年も10年もかかるウイスキー造りなんて、やめたほうがいいと忠告した。東洋製罐《とうようせいかん》の高碕達之助《たかさきたつのすけ》も、信治郎が最も信用する相談相手だったイカリソースの木村幸次郎《こうじろう》も、反対の意を伝えてきた。

こうした反対を押し切って、信治郎はウイスキーに参入したのだった。

我が国初のウイスキー「サントリーウイスキー白札《しろふだ》」は、1929年（昭和4年）4月に発売される。

ちなみに「サントリー」とは、赤玉ポートワインの赤玉が太陽を表す「サン」であり、これに自身の「鳥井」を結びつけて命名した。赤玉が継続して売れていたからこそ、ウイスキー事業が支えられていたという思いが信治郎にはあった。

それはともかく、少し経過した1932年（昭和7年）の、信治郎が打った新聞広告のコピーが凄い。

『醒《さ》めよ人！　舶來《はくらい》盲信の時代は去れり　醉はずや人　吾に國産　至高の美酒　サントリーウヰスキー　はあり！』

日本でのウイスキー造りに賭けた信治郎の決意が滲む。欧米の製品にも負けない、日本のモノづくりへの滾《たぎ》る思いが溢れている、といったら言い過ぎだろうか。

日本初の国産ウイスキー「白札」

1932年、信治郎が打った
「白札」の新聞広告

だが、信治郎の情熱とは裏腹に、「白札」はまったく売れなかった。価格は1本4円50銭。当時、ジョニーウォーカー赤が1本5円だからあまり差はない。

白札は当初、「焦げ臭くて、とてもじゃないが飲めない」と批評される。

ウイスキー造りではまず、調達した大麦をお湯に浸し発芽させる。次に金網のフロアーにこの発芽した麦を拡げて、下部からピート（石炭になる前の泥炭《でいたん》、あるいは草炭《そうたん》とも呼ばれる）を焚いて燻《いぶ》す。これにより、麦の成長をとめ乾燥させて麦芽にする。この作業を製麦と呼ぶが、どうやらピートを焚きすぎたのが、焦げ臭くなった原因だった。

焦げ臭さは、昔もいまもスモーキーフレーバーと呼ばれ、この手のモルト原酒の愛好者は、いまならば多い。グレートブリテン島の北西にあって北大西洋に浮かぶアイラ島。ここで操業する蒸溜所、ボウモアやラフロイグ、ラガブーリンなどがつくるシングルモルトウイスキー（単一蒸溜所でつくられるモルトウイスキー）は、スモーキーフレーバーが特徴であり世界中に愛好者がいる。

だが、昭和初期の日本人には、やはり早すぎた。

ビールと竹鶴を手放す

白札の発売の前後、信治郎は多角化事業を推進する。愛煙家のための歯のヤニを取る歯磨き粉「スモカ」、ソースに紅茶、そしてビール。みな、ウイスキーを伸ばすための多角化事業だった。「赤玉ポートワイン」が生む利益だけではウイスキー事業を支えられないとの判断である。

アイディア商品でもあるスモカは、ヒットした。しかし、短期間での収益確保を狙ったビール事業は暗礁にのる。

白札発売の前年の1928年12月、横浜市鶴見区のビール工場「日英醸造」を買収する。そして白札発売と同じ29年4月、「新カスケードビール」として売り出した(後にブランドを「オラガビール」に改称)。市場は大日本麦酒や麒麟麦酒の既存勢力が支配していた。他社はみな1本33銭だったところを、寿屋は当初は1本29銭という価格で売り出し、翌30年に改称した「オラガビール」は27銭とさらに値を下げて売った。

挑戦的な参入だったが、生産量に勝る大手に一蹴されていく。さらに言えば、時代は最悪だった。29年10月には、ニューヨーク・ウォール街を震源に世界恐慌が発生。日本の経済環境も落ち込んでいき、やがて戦争へと向かっていく時期と重なった。

市場でとりわけオラガビールに圧力をかけたのは、同じ横浜を拠点とする麒麟麦酒だった。生産量が少ないオラガビールは、他社が使用した瓶を共用していた（いまでは当たり前だが）。ところが、製瓶工場をもち自社製瓶だった麒麟は、商標権侵害でオラガを訴えたのだ。裁判は、麒麟の勝訴に終わる。

１９３４年2月、信治郎はオラガビールを東京麦酒に売却する。5年間の奮闘だった。ただし、売却金額は３００万円。

このときにウイスキーではなくビール事業を売ったことが、信治郎のブレない信念を表していた。創業者は意志を貫いた。

なお、34年3月、横浜ビール工場長も兼務していた竹鶴は寿屋を退社する。もともと10年の契約だったため期限がきた32年に退社を申し入れたが、信治郎から慰留されていた。『琥珀色の夢を見る』には〈清酒保護の時代に、鳥井さんなしには民間人の力でウヰスキーが育たなかっただろうと思う。そしてまた鳥井さんなしには私のウヰスキー人生も考えられないことはいうまでもない〉と竹鶴の述懐がある。

この年7月、竹鶴はニッカを設立し、北海道・余市《よいち》に蒸溜所の建設を始める。

昭和恐慌真っ最中のグローバル展開

ニューヨークでの株価大暴落が始まった直後、日本は金輸出の解禁に踏み切り金本位制に復帰した。先進国では最も遅れた復帰だったが、日本政府からすれば大暴落が世界恐慌に発展するという予測はつかなかった（世界中でも、深刻に考えられた向きはなかっただろう）。円高から輸出は減少する一方で、株価と物価の下落から企業倒産が相次ぎ、失業者は街に溢れる。「大学は出たけれど」は流行語となったほど。いわゆる昭和恐慌だった。

政権は交代し1931年12月、高橋是清《これきよ》蔵相は金輸出を再度禁止する。管理通貨制度に移行させ金本位制復帰はわずか2年で終わるが、円安となり輸出は拡大へと向かう。

この混乱のなか、鳥井信治郎は世界が驚嘆する作戦行動に出る。

33年はアメリカでニューディール政策が始まった年として、歴史や政治経済の教科書には記されているが、この年の12月に禁酒法が廃止された。

大阪が生んだアントレプレナーの信治郎には、スピードがあった。ほぼ1カ月後にあたる34年1月には、サントリーウイスキーの輸出を始めたのである。ホンダやソニーが誕生するずっと前の出来事だ。

生糸をはじめとする絹製品でも綿製品でも、蛇の目傘のような雑貨でもない。スコットランド以外ではつくることはできないとされた、モルト原酒を使った本格ウイスキーを、サントリーは対米輸出したのである。電光石火の早業だ。

自分たちが劣勢にあるうえ、明日の世界情勢がどうなるのか予想もつかないなかでも、「やってみなはれ」でいきなり北米展開に踏み切ってしまう。ブレンダーとしての嗅覚とは別に、創業経営者・信治郎がもつ独自の嗅覚と、断固とした実行力とを示した事例といえよう。東洋のウイスキーに、あの、アル・カポネも獄中で驚いたのではないか。

これはサントリーのウイスキー事業にとって、最初のグローバル展開だった。山崎蒸溜所で蒸溜が始まって9年が経過。良質なモルト原酒が熟成されていた。

輸出は単発ではなく、継続されていく。それなりにアメリカ市場に受け入れられたといえよう。ただし、日米関係が悪化し戦争へと向かうなかで、輸出は停止を余儀なくされていく。

ウイスキーによる北米事業は、2代目社長の佐治敬三が放つ第2次攻撃、そして4代社長の信忠によるビーム買収に始まる第3次攻撃と、世代をまたいで展開されることとなる。

「角」「オールド」の誕生

前出の小泉は、「1937年（昭和12年）10月8日に発売した〝角《かく》〟でようやく、認められるようになりました」と話す。

山崎蒸溜所の建設に着手したのが23年10月。蒸溜を始めたのが24年12月からだった。長期熟成という壁を乗り越え、角瓶は日本市場で初めてのヒット商品となる。翌年5月には大阪・梅田の地下街に寿屋直営の「サントリー・バー」1号店をオープン。角瓶の拡販を進めた。

そして40年（昭和15年）11月には「サントリーオールド」を完成させる（ただし物価統

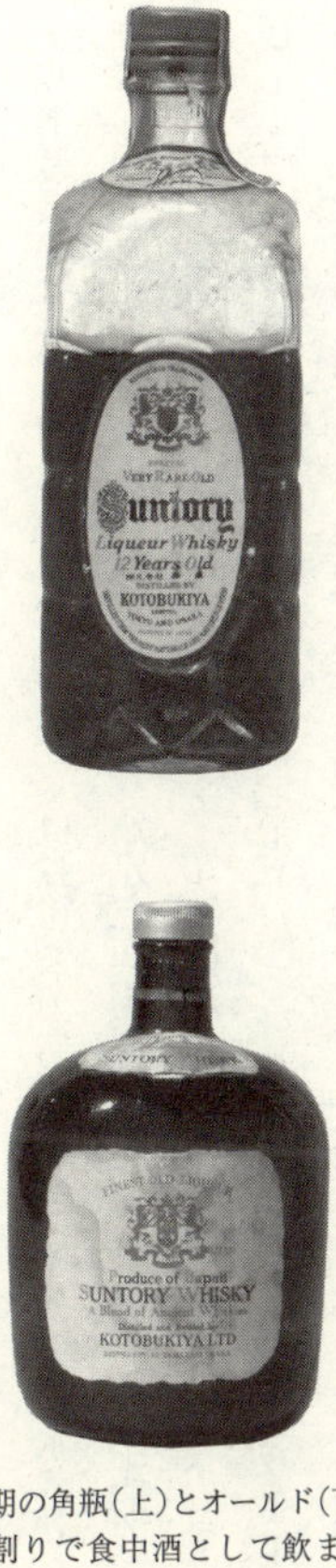

初期の角瓶(上)とオールド(下)。水割りで食中酒として飲まれ、ビールのライバルになっていく

制令により発売は見合わせ、実際の発売は戦後の50年4月)。

オールドは戦後、大ヒットしていく。本来は食後酒であるウイスキーを、水割りにより食中酒にしたことが、日本人の食生活に入り込んだ要因だった。食前酒、食中酒であるビールにとって、強力なライバルとなっていく。70年代から80年代前半にかけて、キリンラガービールにとって最大のライバルは、オールドだったともいえよう。2008年以降、角瓶がソーダで割って飲むハイボールのブームを巻き起こした。ハイボールも水割り同様に食前酒、食中酒として受け入れられているためだ。

水割りとハイボールは、信治郎により日本でブームとなり、そのスタイルを定着させていく。

ただし、戦後のウイスキーには大きな苦難も待ち受けていた。

父への反発

オールドができあがる直前の1940年9月、信治郎を悲しみが襲う。長男の鳥井吉太郎が急逝したのだ。吉太郎はまだ、31歳だった。

「片腕を、もぎとられてしもた」

信治郎は人目もはばからずに嘆き、なかなか立ち直れなかったという。

戦争が始まり、ウイスキーは海軍に納品するようになる。日本海軍はイギリス海軍から基本を学んだ。このため、陸軍が日本酒を常用していたのに対し、海軍の酒はウイスキーだった。戦中、山崎蒸溜所は空襲を受けず、原酒は残った。

45年8月に終戦を迎える。信治郎の次男である佐治敬三が寿屋に入社したのは同年10月。敬三は大阪大学理学部を42年に優秀な成績で卒業し、本当は化学の学者になるはずだった。海軍技術大尉として埼玉で松の根っこから油を抽出したり、東京で不発弾処理にあたったりして、終戦を迎えていた。

『美酒一代』には、83年に行われた著者の杉森と敬三との対談が載っている。このなかで、父親についての感想を聞かれた敬三は〈私はよく喧嘩しておったですねえ。怖いというよりも、だんだん長ずるにおよんで、どうも親父のやっていることが気に食わん、という…。とくに会社に入ってからは気に食わん〉と話している。

実際に、進駐軍へウイスキーを売り込んだ信治郎に反発し、敬三は出社しなかったこともあった。さらに46年、敬三は大阪大学内に財団法人食品化学研究所を設立する。ここまでは創業者の了承を得ての行動だったが、同年秋には家庭向けの科学雑誌「ホームサイエンス」を創刊する。

これは、信治郎の反対を押し切っての発行だった。科学者を目指していた敬三ならではの出版事業への参入だったが、科学の啓蒙雑誌だったため毎号赤字だった。

最終的には、阪急グループ（当時）総帥の小林一三《いちぞう》から諭されて、1年半あまりで休刊させる。小林一三は、兄・吉太郎の未亡人である春子の父親だった。敬三にとっては伯父にあたる。ちなみに、45年に生まれた敬三の息子・信忠は、春子に一時期育てられた。

経営精神は、親子ゲンカで受け継がれる

それはともかく、父と子は衝突をしながら、政権は引き継がれていった。「銀のスプーンをもった子息だから」と、自動的にバトンが渡されたわけでもなかった（そうした同族企業も多い。また逆に、批判を恐れてか権力の世襲に踏み切れない有力企業もある）。

ある種の〝闘い〟を経ながら、新社長は誕生していった。鳥井・佐治家において、親子の闘いは帝王学だったのかもしれない。

実は、その後の敬三と信忠とのあいだでも、親子喧嘩はあった。

一例を挙げると、1990年3月発売のビール、「純生《じゅんなま》」（2代目）の商品化をめぐって

巻き起こる。

90年3月は、61年以来29年ぶりのトップ交代が行われた時期と重なる。敬三は会長となり、社長には鳥井吉太郎の長男で副社長だった鳥井信一郎が就く。副社長だった信忠はこのときに代表権をもった。

86年にサントリーが発売した麦芽100%ビール「モルツ」は、初年度の年間販売量が185万箱（1箱は大瓶20本）を記録。新製品が初年度に100万箱を超えたのは初めてだった。

ところが、サントリーとシェアでほとんど並んでいたアサヒが、乾坤一擲で翌87年に発売した「スーパードライ」が、初年度1350万箱を売る大ヒットとなる。スーパードライは88年以降もよく売れ、4位メーカーだったサントリーは販売量とシェアとを落としていく。

そこでサントリーは、かつての看板ブランド「純生」を復刻させ、巻き返しをはかろうとした。

開発の段階で信忠は「モルツは、消費者からの評判が高い。とくに、本格ビールである麦芽100%をつくったことで、品質面でサントリーは支持を受けている。なので、新商品はモルツを殺してはいけない」と主張。これに対し経営トップだった敬三は、「市場は大きく動いているので、全面的に純生でいくべし」と方針を示し、親子は対立してしまう。結局、発売された純生はヒットにはならなかった。パッケージ材などは、どことなくモルツに似た中途半端なものだった。

信忠は、「親父とは、よく喧嘩しました。役員会で互いに背を向けていたこともしょっちゅうでしたが、息子の喧嘩を正面から受けて立ってくれる親父でした。だから、私は経営者としての父を尊敬しています」と、敬三が亡くなった後だったが、筆者に語ったことがある。

信忠には子どもがいない。だが、従兄弟の子にあたる鳥井信宏に対しても、「役員会などでは、信忠会長は信宏さんをかなり厳しく鍛えている。一族という甘えを許さない。信忠さん自身が、父親の敬三さんから受けた経験を踏まえて、いまは信宏さんを育成しているのだろう」（サントリー首脳）と言う。

サントリーでは、親子間、そして創業家内でのバトルを通し、経営という名のバトンは引き継がれていく。

「やってみなはれ」の真骨頂、ビールへの参入

話を戻そう。戦後の1946年、サントリーは「トリス」を発売する。まがい物のウイスキーが跋扈《ばっこ》していたなか、庶民でも手の届く本物のウイスキーだった。トリスをはじめウイスキーは多くの人に受け入れられ、サントリーの経営は拡大していく。

そして、前述のように「やってみなはれ」で敬三はビール参入を決断。

信治郎は61年に会長となり、敬三が第2代社長に就く。同時にマスターブレンダーの座も敬三に託した。そしてこの年10月、サントリーウイスキーがアメリカで「ジャパニーズウイスキー」として、初めてラベル登録の認証を当局から受ける。スコッチやカナディアンなどと同等に、「Japanese Whisky」の名前で輸出が許されたのだ。禁酒法が廃止された直後のアメリカに、山崎蒸溜所でつくられたウイスキーを

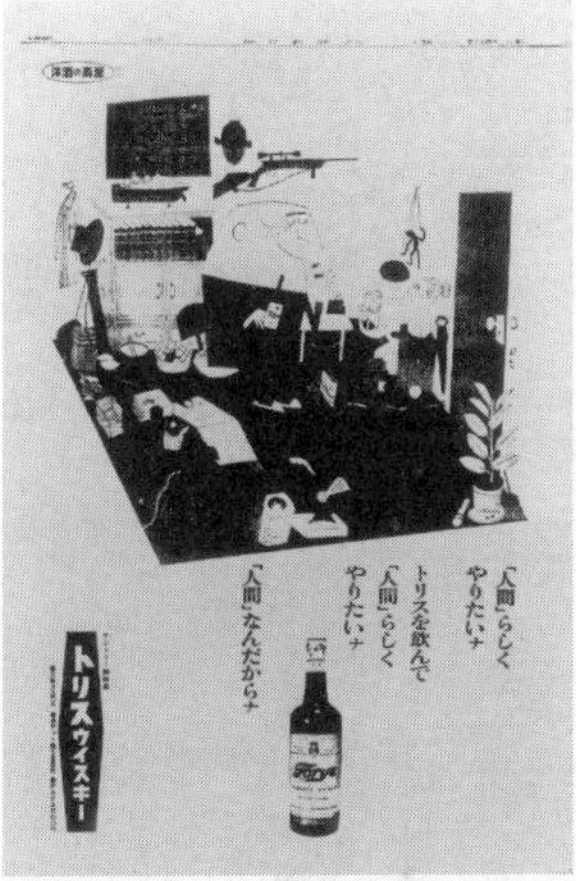

トリスウイスキーのポスター。
「アンクルトリス」のイラストは、当時寿屋に在籍していた柳原良平による

輸出した信治郎にとっては、面目躍如だったはずだ。

翌62年2月20日、信治郎は83歳で逝った。

敬三には、創業者であり父親である信治郎の死を悲しんでいる時間はなかった。東京都府中市に武蔵野工場が完成したのは63年4月20日。4月27日からビールを発売する。「やってみなはれ」の象徴でもあったビール事業へ、サントリーはついに参入を果たした。

これにあたりアサヒが特約店網をサントリーに開放するが、背景には前述した通り、生前の信治郎とアサヒ社長だった山本爲三郎との、古くからの交流があったと見られる。信治郎はビール参入を決意した敬三に「やってみなはれ」と伝えた後、「息子がこれから若気の至りで無茶をやりよるらしいので」と、高碕達之助ら複数の有力者に後事を託す。高碕は信治郎の葬儀の日、参列した山本に「故人に代わり助けを求め、快諾を得た」と『日々に新たに［サントリー百年誌］』にはある。

ビール参入を機に、同年3月には、社名を寿屋からサントリーに変えた。

日本初の生ビール「純生」（初代）が発売されたのは67年4月、黒字化を果たしたのは2008年であり、参入から46年目だった。

サントリー最大の失敗

実は1963年には、もうひとつ大きな「やってみなはれ」、すなわちビッグチャレンジがあった。

それは、メキシコへのウイスキー工場進出である。メキシコ工場（サントリー・デ・メヒコ）は、同年10月19日に完成する。創業者・信治郎が禁酒法明けの34年から始めたウイスキー北米輸出に次ぐ、ウイスキー対米戦略の第2弾だった。

「巨大なアメリカ市場に日本のウイスキーを売り込もう！」

ホンダがオハイオ州メアリズビルに建設した工場で、アコードの現地生産を始めたのは82年。サントリーのメキシコ進出は、これよりも20年ほど前の話だった。

当時まだ25歳だった折田一（後にサントリー常務）は、駐在する4人のうちのひとりとして着任する。羽田空港では、佐治敬三社長から「生きて日本の土を踏むと思うな」と檄《げき》を飛ばされた。

「日本のウイスキーを世界に広めるための一大プロジェクトであり、グローバル化は当時からの至上命題でした」と、97年に折田は筆者に語った。

ただし、一大プロジェクトは失敗してしまう。メキシコの工場は高地にあったため、長期熟成の段階で樽からウイスキーが揮発してしまい出荷ができなかったのだ。これは「サントリー最大の失敗」といまでも揶揄される。

「なぜ、親父はあんなことをやったのか。僕なら、絶対にやらない」と、かつて佐治信忠は笑いながら話してくれた。当時はまだ、海外渡航に外貨の持ち出し制限があり、調査も十分にはできなかったようだ。

メキシコ工場はいま、熟成を必要としないリキュールの「ミドリ」を生産している。ミドリは、カクテル「メロンボール」などのベース酒で知られ、世界50カ国以上で販売されている。

「最大の失敗」ではあったが、これに学んで強引な工場進出は控え、80年代からM＆Aによる海外展開へと切り替えたという側面もあった。大きく見れば、第3次攻撃である2014年のビーム社買収へとつながっていく。

医薬から石油採掘まで

ウイスキー事業は1980年代初頭まで、拡大を続けた。だが、83年をピークに、ウイスキーの消費量は落ち込んでいく。

このころサントリーは、オールドの一品依存体質だった。「ひとつの商品だけが強いということは、市場の変化が起きると総崩れになり、良好な事業構造とはほど遠い。そこでいろいろなことを始めていきました」と信忠は2002年の取材時に語ってくれた。

そこで、事業構造改革を進める。テーマは「脱アルコール」だった。

先進国になるほど、健康志向から低アルコールやノンアルコール飲料が好まれ、ハードリカーは敬遠される傾向がこのころからあった。そこで、主力のウイスキーへの依存度を減らして、ミネラルウォーターをはじめ清涼飲料事業を本格化させていく。ほかにもレストラン事業や医薬など未知の分野に力を入れていく。

14年7月1日の会見で、信忠は次のように話した。

「副社長に就任した90年代は、サントリー全体の利益のすべてを稼ぎ出していたウイスキー事業の落ち込みに歯止めがかかりませんでした。80年のピーク時には1200万ケースの販売を記録した大黒柱のサントリーオールドは、90年には4分の1の300万ケースにまで落ち込み利益も出ないという、きわめて厳しく苦しい事業環境でした。しかし、全社一丸の経営革新と事業再編に取り組み、食品事業が躍進し、健康食品やRTDを創出、ビール事業を育成し、現在の総合食品メーカーの形をつくりました」

「社長に就任した2001年以降は、医薬事業、出版事業、ゴルフ用品の販売やゴルフ場経営、またアメリカの水宅配事業、ハワイのリゾート事業といった不採算部門の売却を進め、選択と集中により財務体質を強化させました」

ちなみに、バブル期にはこのほかにもアメリカ大リーグの2A球団の買収（のちに失敗）、果ては石油採掘にまで手を染めたこともあるというから、「やってみなはれ」、恐るべしである。

なお、ウイスキーの消費量が落ち込んだ理由はいくつもある。健康志向による低アルコール化、焼酎ブーム、ビール消費の急拡大、さらにサッチャー英首相（当時）の外圧による税制改正など、いくつもの波がウイスキーを襲ったのだ。

サッチャーは、「日本のウイスキーの税率を引き下げて、焼酎と同じにしろ」と圧力をかけた。これを受け1989年度税制改正でウイスキーの級別が廃止される。オールドなど旧特級の税率は5年間で半分以下に下がっていき、逆にレッドなど旧2級の税率は上がっていった。

ところが、安くなったのに、ウイスキーは売れなくなってしまうのだ。

特級ウイスキーはそれまでギフトでも重用されていたが、「値段が下がって、逆に〝安物〟とみなされてしまい、ウイスキーの商品価値も、旧特級のブランド価値も下がっていった」

（ウイスキーメーカー各社）という。安ければ消費が拡大するというわけではなかったのだ。サッチャーの思惑は、見事に外れた。

だが、その後も、外圧からウイスキーの税率は下げられる。97年、98年、2000年と税制改正され、ウイスキーはアルコール度数あたりでは焼酎（甲類、乙類）とほとんど同等となった。それなのに、消費は落ち続けてしまった。

浮上するのは、角ハイボールが登場してからとなるが、これは後述する。

やって失敗するよりも、やらないことが罪

「やってみなはれ」のサントリーでは、「トップは奇人変人たれと社員に訴えています」と信忠。

変わった人間や、やんちゃボーイ、やんちゃガールがサントリーでは面白いものをつくってきたし、やってきた。「彼らがやってみて失敗した場合の責任は、トップである私がすべて負う。むしろ、失敗するだけのことをやったことが尊いという風土です」（同）。

サントリーの首脳たちは「失敗よりも、サントリーでは何もやらないことが罪になる」と口をそろえる。

これまで上場していなかったサントリーでは、社員は従業員というよりも個人事業家に近いのかもしれない。新商品などのビジネスプランをオーナーであるトップに売り込み、了承されれば予算が与えられて事業化が許される。

さて、ビール類や洋酒の新商品開発などではトップの前でのプレゼンも求められるが、具体的にはどんな起案が通るのか。

複数の社員が話す。「『弱いなぁ』と言われたら見込みはありません。『変なものつくりやがって』『ならいける』「ダメだと言われ、『私が間違っていました』と返したら絶対ダメ」「最後まで『やらせてくれ』をくり返すべき」「マーケティングデータなど数字を羅列すると、通らない」「『俺に逆らうのか』などと言われても、気にせずに自分の意見を貫くべし」……。

信忠は、その判断基準については「気です。起案者のエネルギー、情熱が感じられれば僕のテイストでなくてもよろしい。また、データを信じてはいけない。データが先にくると、どうしても凝り固まってしまい、新しいモノがでない」と話した。

父親でありサントリー第2代社長だった敬三もそうだったが、身体が大きいだけに信忠は迫力満点だ。

佐治親子を知るサントリーの関係者は解説する。

「大旦那だった親父さんとは違い、信忠会長はロジカルな思考をもったリアリスト。敬三さんが大阪商工会議所会頭《かいとう》となり、花博（1990年大阪で開かれた国際花と緑の博覧会）を成功させたが、信忠会長は財界活動には一切興味をもっていない。アメリカに留学して、向こうのビジネスを学んだからだろう。

意外かもしれませんが、シャイというか、人見知りする性格です。人混みのなかでフリートークするようなことは好まない。声が大きいのは、シャイの裏返し。大阪大学理学部で化学の教授になるはずだった親父さんも、基本は同じ性格だと思う。信忠会長は、祖父である創業者の鳥井信治郎、2代目社長の敬三へのライバル心をもっている。これは創業家に生まれた宿命。もちろん2人を尊敬していて、同時にどうやって2人を超えるかをプレッシャーとして自分に課しているように思える」

サントリーは基本的に、ゼロを1にする会社。1を10にする会社ではない。

だが、サントリー食品インターナショナルが上場し、以前のような完全なプライベートカンパニーではなくなっている。

「やってみなはれ」の哲学は不変だろうが、現実的に失敗も許容される土壌が維持されるかどうかは、未知数ではある。

小泉敦（現ビームサントリー プレジデント アジア）は話した。

「サントリーの強さは、コンシューマーオリエンテッド（消費者最優先）。マーケット（市場）、コンシューマー（消費者）、そしてカスタマー（得意先）をきちんと見ているということです。それと、社員がサントリーを好きだということ。自分で手を挙げて、自分のやりたいことが自由にできる会社なんて、世界のなかでもほかにはありません。みんな、この会社が好きなんです。

一方で、肝心のお客様本位を忘れてしまうと、サントリーは一気に弱くなる。お客様あっての、やってみなはれなのです。

キリンについては、ノーコメントです」

第3章

キリン

凋落した巨大企業

なぜビール会社は少ないのか

ビール会社は1897年（明治30年）ごろ、日本に100社もあった。現在、クラフトビールは約200社あるので、その半分に相当する数だ。1890年（明治23年）に開催された内国勧業博覧会には全国から83ブランドが出品しているので、日本酒の酒蔵ほどではないにせよ、明治2、3年からビール醸造所は一気に増えた格好だ。

ところが、1901年（明治34年）に高額のビール税が課せられるようになり、最低製造数量が定められたことから、中小の醸造所は淘汰されたり、大手に再編されたりしていく。06年には札幌麦酒（前身は官営開拓使麦酒醸造所）、恵比寿ビール（ヱビスビール）を扱う日本麦酒、アサヒビールを生産する大阪麦酒の3社が合同して大日本麦酒（戦後はアサヒとサッポロに分割）が設立された。その後、前述した通り寿屋（サントリー）が一時ビール事業に参入するものの、5年で撤退する。つまりは、財閥系の大手だけが残る。

大日本麦酒という巨大なビール会社への合同も検討したものの、結局は対抗したのが三菱系の麒麟麦酒（キリンビール）だった。

キリンの創業地、横浜は幕末に江戸幕府が貿易港としてつくった（開港は1859年）。日米修好通商条約という政治交渉に絡んで外国奉行・岩瀬《いわせ》忠震《ただなり》が建設を主導するが、貿易によって西高東低だった日本国内の経済格差を是正しようとする狙いが、横浜建設には込められていた。明治政府もこの方針を引き継ぎ、大阪に追いつけ追い越せの横浜に、キリンは産声をあげる。

三菱グループのキリンはその宿命として、サントリーなどの大阪に対抗して、東京・横浜圏の経済成長を担わされていた。

さて、そもそも、酒税は日本酒だけに課せられていた。新しい産業であるビールについては、明治政府は育成を優先させていたのだ。ところが、1900年には北清《ほくしん》事変（義和団の乱）が発生し、同年に第4次伊藤博文内閣はビール税創設に動いた。

これに反対したのは、恵比寿ビールをつくっていた日本麦酒社長の馬越恭平《まごしきょうへい》だった。馬越は三井財閥出身であり、業界リーダーとして反対運動の先頭に立つ。それでもビール税はつくられ、日露戦争（1904〜05年）の戦費に使われただけでなく、その後の第2次大戦中にはくり返し増税されていった。

世界のなかでも日本のビールの税金が高いのは、戦費調達という歴史的な役割があったためだ。戦後となり、戦費調達の必要性はなくなったのに、高額なビール税だけはなぜか残っている。

別の見方をすると、大手企業だけからなるビール産業と国との関係は、戦後になってもある時期までは持ちつ持たれつだった。つまり、メーカーは高い酒税を支払う代わりに、国は最低製造数量をメーカーに課して新規参入はさせないという構造だ。

1994年、ビールの最低製造数量は税制改正に伴い、それまでの年2000キロリットルから年60キロリットルに緩和され、地ビールが解禁される。

ほぼ90年間、ビールは大手だけのものだったが、地ビール解禁から20年以上が経過し、クラフトビールをつくるメーカーはいま約200社を数える。キリンもクラフトへ参入していった。

国が管理した戦後ビール産業

日本のビール産業は、企業分割から戦後のスタートを切る。1948年、トップメーカーだった大日本麦酒がGHQ（連合国軍総司令部）から過度経済力集中排除法により分割するよう指定を受ける。

翌49年には東日本地域を中心とする日本麦酒（サッポロビール）と西日本中心の朝日麦酒（アサヒビール）とに分割された。

旧住友銀行（現在の三井住友銀行）の副頭取からアサヒ社長に転じ、87年にスーパードライのヒットに社長として立ち会った樋口廣太郎（故人）は、次のように筆者に話したことがある。

「旧日本製鉄も、同法から昭和25年に八幡製鉄と富士製鉄とに分割された（70年に両社は合併して新日鉄となる）。つまり、GHQから見てビール産業とは製鉄と同じくらいに、日本の最先端産業だった。だから、優秀な人材はビール産業に集まっていたんだ」

分割後53年までは、キリンを含めたビール3社に対して、原料である大麦に「庫出量」と呼ばれる一種の割り当てが施された。貧しかった時代における国による統制の名残であり、庫出量は3社平等だったため、生産量もシェア（市場占有率）も3分の1ずつでほぼ一緒となる。

統制が解除され、自由競争に変わったのは54年のことだった。

同じ醸造酒でも、日本酒とワインのアルコール度数は15％前後なのに対し、ビールは5％前後。低アルコール飲料でありながら発泡性であるため、ビールは夏場に冷やして飲まれる。ただ、戦費調達を目的に高い酒税を課されていたビールは、アルコール度数あたりの値段が高く、飲食店で飲む酒という位置づけだった。

したがって、戦前は飲食店向けのシェアが圧倒的に高く、旧大日本麦酒のサッポロとアサヒは業務用に強かった。54年以降も、それまでの自分たちの強さにこだわり、サッポロとアサヒは業務用を中心に営業をする。

これに対し、業務用に弱かったキリンは家庭用ビール市場の開拓に力を入れる。

果たして、高度経済成長から一般家庭にも冷蔵庫が普及するのに伴い、ビールは家庭でも飲まれるようになり、同時にキリンはシェアを上げていく。

逆に、業務用に成功体験をもつサッポロとアサヒは、家庭用へのシフトにすばやく踏み切れなかった。

国内市場は、ピーク時の4分の3

ビールの国内市場は1955年（昭和30年）に40万3413キロリットルだったのが、65年（昭和40年）には約5倍の198万9147キロリットルに。さらに10年後の75年（昭和50年）にはほぼ倍にあたる395万5519キロリットルになる。85年（昭和60年）には10年間で2割増の478万5328キロリットルだ。

国内ビール市場の推移

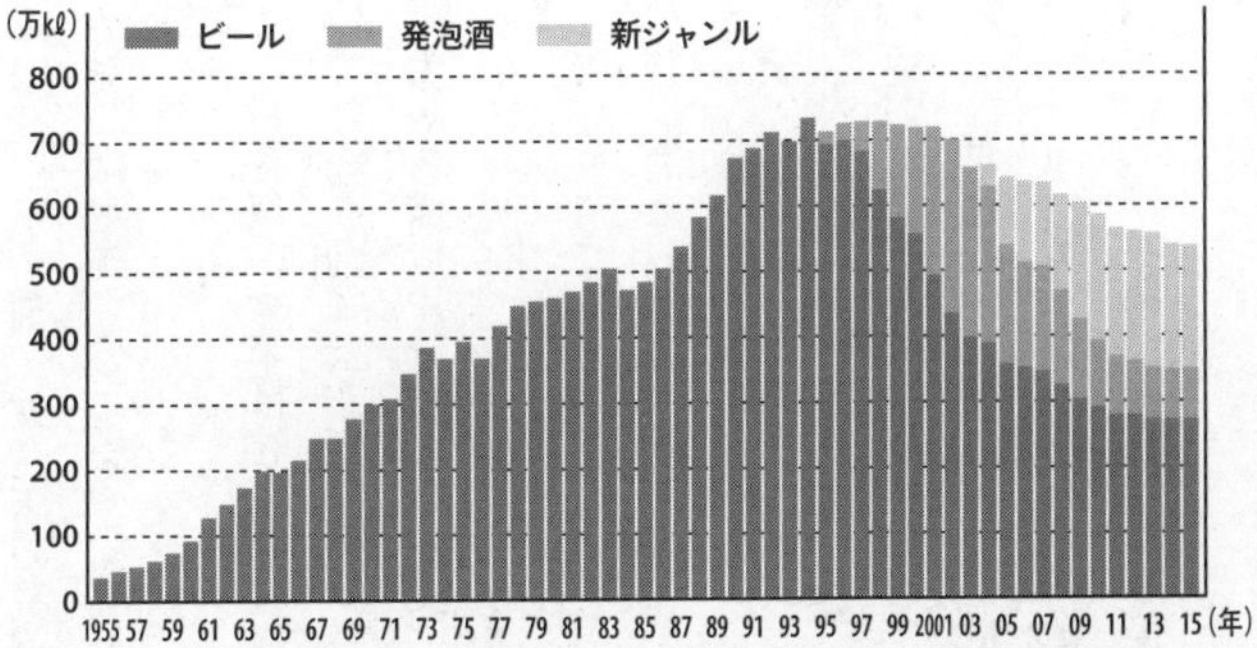

出所：ビール酒造組合まとめ

そしてマーケットが過去最大となったのは94年（平成６年）の７２５万６９１４キロリットル。この年にはサントリーが我が国初の発泡酒「ホップス」を発売し、数字には発泡酒販売量の８３９９キロリットルが含まれている。85年と比較すると51・６％増と急伸しているのは、87年のアサヒ「スーパードライ」の大ヒットが大きい（詳しくは後述）。

94年のビール出荷量と発泡酒販売量の合計は箱数に置き換えて、５億７３２１万５９５５箱（１箱は大瓶20本＝12・66リットル）とも表される。数量ベースでは酒類全体の７割以上がビール・発泡酒で占められるようになったのだ。

冷蔵庫が普及しきった75年の段階で、

ビール消費は家庭用が7割、飲食店の業務用が3割となる。「この構成はいまもそうは変わらない。7対3は定説」(ビール会社幹部)という。

3割を占める業務用の大半はビールで一部は発泡酒。7割を占める家庭用のうち、その7割強(全体では約5割)は安価な第3のビールと発泡酒が占めている。2015年で見ると、市場に占める構成比はビールが50・2%、発泡酒が14・4%、第3のビールが35・4%。2016年上半期(1～6月)の構成比では、ビール49・6%、発泡酒14・0%、第3のビール36・4%である。

ちなみに、発泡酒は94年にサントリーが、第3のビールは2003年にサッポロが、それぞれ最初に商品化した。

ビール類市場(ビール、発泡酒、第3のビール)も、2015年は最盛期だった1994年の約74%と、4分の3に相当する規模に縮小してしまっている。箱数では4億2492万箱(前年比0・5%減)で、11年連続で前年を下回った。

スーパードライが発売された87年の市場規模は4億1776万3000箱だったので、これに近づいている。その前年86年の3億8865万8000箱よりはまだ大きい。

キリンはシェア6割の巨大企業だった

キリンのシェアは、1953年まで「庫出量」割り当てによりサッポロ、アサヒとともに33・3%だったが、自由競争の始まった54年からトップを独走する。55年36・9%、65年47・7%、そして76年には最大シェアの63・8%にまで上昇した。

沖縄が返還された72年に60・1%となってから85年まで14年間、連続してシェア6割を超えたのだ。アサヒが「スーパードライ」をヒットさせる前年の86年のシェアも、59・2%とほぼ6割だったので、15年間連続してシェア約6割を保ち続けたといえる。

ところがシェア6割を超えたため、独占禁止法により、これ以上伸びると会社が分割されるという危機に直面してしまう。

家庭用に注力し、60年代からは工場建設をはじめ積極的な設備投資をしてきたキリン。だが、強くなりすぎたがために、身動きが取れなくなっていく。「頑張れば必ず勝ってしまう。だが、勝利は自分たちを分割という名の破滅へと導いてしまう」（70年代に入社したキリン元幹部）という状況だった。

メーカーのキリンに代わり、一部のキリン系特約店（問屋）が酒販店を選別したケースもあった。90年代の前半まで、つまり酒販免許が存在していた時代、全国に酒販店は約15

万軒あった。有力な飲食店にビールを納めているなど、売り上げの大きな酒販店にはラガービールを積極的に納入した。逆に、売上規模が小さいところ、あるいは旧大日本麦酒との関係が強い酒販店には、ラガーの納入を控えるように調整したのである。

「このため、キリンは特定の酒販店からは恨まれていました」（同）と言う。

キリンの生産計画を中心に、業界全体が動いていた。

キリン製品の国内営業を担うキリンビールマーケティング社長の布施《ふせ》孝之《たかゆき》（15年1月からキリンビール社長を兼務）は、次のように言う。

「キリンの強さは、品質の高さと、組織力にあります。

キリンの弱点ですか、そうですね、ずっと王者でいたため、挑戦者意識が少し希薄なところでしょう。受けにまわると弱いのです。以前からくらべると、スピード感は出てきたのですけど。

サントリーについてですか？　やはりキリンとの裏返しで、『やってみなはれ』の精神、すなわち挑戦心が組織全体で旺盛というところです。もちろん、マークしていますよ」

団塊世代とキリンラガー

では、なぜキリンは70年代初頭から、アサヒが「スーパードライ」をヒットさせる前年の86年まで、約6割のシェアを維持し続けたのか。

80年代初頭のキリンは、バドワイザーのアンハイザー・ブッシュ（現在はＡＢインベブ）、ハイネケンとともに世界でも三指に入る、巨大企業だった。

キリンのシェアのほとんどすべては「ラガー」で占められたが、アサヒ元社長の樋口廣太郎は社長時代の91年、筆者に次のように語ったことがある。

「戦後生まれの団塊世代がみんなラガーを飲んだから、6割のシェアをずっと維持できたんだ。というのも、団塊世代が初めて飲んだビールが、当時一番売れていたキリンラガーだった。アサヒは、団塊のジュニア世代をスーパードライで攻める」

団塊世代とともに育ったキリンラガー

団塊世代とは、戦後の１９４７年から49年の3年間に生まれた約８００万人を指す。団塊世代の子どもたちが団塊ジュニアであり、広義では70年代生まれの世代を指す。

団塊世代が愛し育てたのが、キリンラガーであり、ホンダＮ３６０であり、ソニー製品だったのだろう。

団塊世代は小学校の運動会に始まり、高校や大学受験など、同期の競争が激しかったことで知られる。ただし、福音だったのは就職環境。73年秋のオイルショックまで、我が国は空前の好景気が続いていた。このため、高卒者も大卒者も、多くは大手企業に入社する（ここが、就職氷河期だった団塊ジュニアとは違う）。出世したかどうかは別として、生活に窮することはなかった。

大人になった団塊が初めて飲んだビールがラガーだった。彼らがラガーを支持した結果、キリンは6割のシェアをキープする。酒場に入り「とりあえず、ビール」と発する慣用句は、団塊世代がラガーに対して使い始め定着していったといえよう。

一方、6割ものシェアを獲得したのは、キリンだけの力によるものではない。企業間競争とは、巨大な団体戦だ。ライバル社の敵失が、勝利を導くケースは多い。

一般家庭に冷蔵庫が普及し、家庭用に注力したキリンが右肩上がりにシェアを上げている60年代、サッポロとアサヒは2度ほど合併する動きがあった。そして71年、旧住友銀行の副頭取だった高橋吉隆《よしたか》がアサヒ社長となる。高橋は、かつての大日本麦酒で社長を務めていた高橋龍太郎の長男だった。

「サッポロとアサヒを合併させるために、住友銀行はアサヒに社長を送った。70年に八幡製鉄と富士製鉄が合併し新日鉄ができた。ならば、次は大日本麦酒を復活させようとするシナリオだった。しかし、交渉は不調に終わり合併はできなかった」（樋口）。

しかしその後も3代にわたり、住友銀行からアサヒに社長が派遣されていく。市場が伸びキリンが巨大化するなか、サッポロとアサヒは統合できずキリンに対抗する勢力にはなれなかった。大日本麦酒が復活していたなら、キリンの独走を止められて戦後のビール産業史は違っていたのかもしれない。

もうひとつつけ加えると、大日本麦酒復活の可能性は2007年春にもあった。当時、アメリカ系投資ファンドのスティール・パートナーズから株の買い占めに遭っていたサッポロに対し、アサヒが経営統合を提案したと読売新聞がスクープする。スティールが保有するサッポロ株をアサヒが引き受けるスキームと見られたが、このときも話は流れてしまう。

サッポロの工場稼働率は落ち込んでいて、アサヒによる統合など常識としては考えにくかった。が、水面下で動き始め、最終的には消えていった。

アサヒの当時の首脳は「ウチが（サッポロから）、これほど嫌われているとは思わなかった」と漏らした。一方、サッポロの幹部は「相手がアサヒではなくキリンだったなら、統合できたのではないか」と話した。

もともとは1948年にGHQにより引き離された両社だが、もとに戻る見込みはいまのところはない。

キリンの商品は圧倒的なシェアをもち、ライバルも追ってこない。給料は高くボーナスは年3回出る。ただし、全力を出すことが叶わない。

日本の戦後を代表する超優良企業だったキリンは、長いあいだ、指定校制度を設けていて、出身大学によって採用を制限していた。1996年から2001年までキリン社長を務めた佐藤安弘は、次のように話したことがある。

「私が入社した時代（1958年入社）、旧帝大か私立では早慶しか採りませんでした。指定校制度は広く多様な人材の確保を制限してしまい、同質性の企業風土を生んだ。この結果、会社としての活力を削いだ面は否めません」

一昔前、「いい学校に入りなさい。そうすれば、いい会社に入れます」と言われていた。ここで言う、いい会社とは圧倒的なシェアをもち、将来も経営が安定して見え、何より給料が高いキリンのような会社を指していたのかもしれない。

キリンの事業多角化

80年代に入ると、キリンは多角化を目指し、自ら変わろうと動き出す。

82年には医薬開発がスタート。90年には医薬品第1号となる腎性貧血治療薬「エスポー」を、91年には白血球減少症治療薬「グラン」を、それぞれ承認取得して発売する。2007年にキリンの純粋持株会社制導入により、キリンHDの子会社としてキリンファーマが発足。2008年には協和発酵工業と合併させ、協和発酵キリンを設立した。がん、腎、免疫疾患などの領域で、抗体技術を核にした新薬創出を続けている。

15年12月期にはキリンHDの営業利益、1247億円（前年比8・9%増）のうち、医薬・バイオケミカルは468億円（同20・4%増）と37・5%を占めている。つまりは、経営全体の安定基盤に成長した。

サントリーも1980年代に医薬開発に着手。ところが、事業は軌道に乗らずに2005年に第一三共に売却している。

実は09年から10年にかけてキリンとサントリーの経営統合が浮上した際、協和発酵キリンもひとつのポイントとなった。新薬開発には巨額の費用を必要とすることを熟知しているサントリーは、「世界的大手との競争で、規模に劣る協和発酵キリンが生き残るのは困難」として、統合後数年以内の協和発酵キリンの売却を提案していたとされるのだ。キリンには、売却するつもりはなかったようだ。

伝説の「ハートランド」を仕掛けた男

さて、医薬以外にも1980年代初頭から始まるキリンの多角化は、外食事業、スポーツクラブ運営、酵母研究など、身近なものやユニークなものがあった。

何より、社員にとっては実験的、冒険的な取り組みを経験することとなる。79年入社の真柳亮《まやなぎりょう》（キリンビールマーケティング常務執行役員副社長を経て、17年1月からはキリンビール顧問）は神戸支店で営業に従事していたが、85年に本社に新設された事業開発部に異動し探索担当となった。

探索担当とは、ビール以外の新規事業を探索するのが仕事だが、いわゆる「ぶらぶら社員」だった。上司からの指示は一切なし。「好きなことをやれ」と言われるだけ。キリンのように当時余裕があった会社には、ぶらぶら社員はそれなりに生息していた。

もちろん、昔もいまもいる〝働かないオジサン社員〟とは別である。当時は走りだった衛星通信をはじめ、シルバービジネスや遊休不動産の活用、建築物の空間づくりなど、真柳は片っ端から首を突っ込んでは勉強していった。

こうしたなかから、ジャズにも造詣が深かった真柳は、空間を生かした店舗をやりたいと決意。関連が深い外食チームに参画する。六本木ヒルズが建設される前の同所に、キリンは86年10月から90年12月まで期間限定（といってもかなり長期だが）で、ビアホール「ハートランド」をオープンさせていた。

ビールの「ハートランド」は、ビアホールのハートランドでのみ供されるハウスビールとして開発された。グリーンの特別ボトルで、キリンの名前もないノンブランド。しかも、麦芽100％だった。ちょうど、2014年に参入を発表したクラフトビール事業に通じる要素があったといえるだろう。

初代店長兼外食のプロジェクトリーダー、そしてビールとホールのハートランドを開発

麦芽100％の「ハートランド」。当時は同名のビアホールでのみ供された

1986〜90年まで、現在六本木ヒルズがある地にオープンしていた伝説的ビアホール「ハートランド」つた館

したのは前田仁。１９９０年に一番搾りを開発し、その後も氷結をはじめヒット商品に関わり、２００９年から12年までキリンビバレッジ社長も務める。アサヒが最も恐れた男だったが、真柳は前田の部下となる。

　ちなみに、ビアホール「ハートランド」は、当時から伝説的なビアホールだった。蔦《つた》が絡まる大正時代からの洋館「つた館」と、ニッカウヰスキーが使っていたウイスキー原酒貯蔵庫跡で構成。前衛的な音楽や演劇などのライブイベントが定期的に行われた。

70年代までの新宿のようなアングラやディープではなく、ニューヨークやロンドンにも情報発信される、洗練と先端が混在したイベントがもたれた建物空間だった。営業期間の4年2カ月で、来店者は実に55万人を数えた。「ここだけ」のビールを飲みながら（やがて一般発売されるが）、新しい文化と芸術に触れられるビアホールだったのだ。

六本木ヒルズ建設という再開発計画の事業決定により、「ハートランド」は絶頂のまま閉店する。

親分の前田のもと、真柳は86年夏、神宮外苑でログハウスを使ったビアレストランを担当。その後は、原宿に「DOMA」という大皿料理の店を開店させたため、真柳は2年間にわたり店長を務める。この間は毎日、ジーンズ姿で店に出た。

神戸で営業マンだったときには、メーカーの立場で売り込んだ。だが、実際に自分が店長になったことで、「飲食店がどういうことに困るのか、深く理解できました。バイトの給料や家賃をどう工面するか、クレームにどう対応するか、メニューをどうするのかなど、悩みはつきないのです」。

「店長、私、〇〇君を好きになりました。どうしたらいいでしょうか」、といったバイトの女子学生からの恋愛相談にも真摯《しんし》に応じた。仕入れから売上管理、宣伝、そして接客。

ビールメーカー社員では経験できないことを、30歳前後で真柳は経験する。

「サントリーは個人の力が強く、キリンは組織力が強い」。サントリー、キリン問わず、また両社とも役職や年齢も関係なくして、こういう意見は多かった。筆者は個人的にラグビーにたとえ、「キリンは戦略を明確に決めて戦うイングランド、サントリーは個人が自由に動きまわるシャンパンラグビーのフランス」と考えている。

とはいえ、企業が特異なことを始めると、新しい流れは発生していく。ユニークなことをやると、ユニークな人材がどこからともなく生まれ、そして集まり、育っていく。ユニークな人材が、会社に新しい価値を生むことは多い。

アサヒ・スーパードライを倒した「キリン特殊部隊」

「君は本当にキリンの社員か？」

ＤＯＭＡを仕切る真柳店長は、目の前に現れたＧパンに革ジャンを着た若者に思わずこう尋ねた。

原宿の風景にそのまま溶けてしまいそうな若者は、おおよそサラリーマンには見えなかったのだ。若者の名前は島田《しまだ》新一《しんいち》。そのファッションセンスから〝トレンディ島田〟と社内では呼ばれていた。「日経トレンディ」が、日経ホーム出版社（現在は日経BP社）から創刊された87年11月よりも早くにである。

87年4月に入社した島田は名古屋に配属され、ハートランドを飲食店に売り込んでいた。秋になり、研修として前田のハートランドで働き、その一環としてDOMAにも顔を出したのだった。

「店を勉強させてください」

島田はその後、前田がボスの「一番搾り」開発チームに入る。90年3月に発売されると一番搾りは大ヒット。アサヒ「スーパードライ」の勢いを初めて止めることになる。

アサヒ「スーパードライ」の勢いを初めて止めたキリン「一番搾り」

商品開発の後、大手の業務用営業専門に精鋭だけを集めて組織した広域営業部（通称・キリン特殊部隊）に、中核として島田は入る。この特殊部隊を最初に指揮した部長が真柳だった。

「ちょっとニューヨークに行ってくる。向こうで、プレミアムウオッカが流行っているらしいので見てくる」。島田はこう言うと、福岡あたりに出張するかのようにニューヨークにふらっと出かけたり、西海岸に飛んだりと世界を動きまわる。

新丸ビルの飲食店街そのものを設計したり、丸の内の東京ビルTOKIA1階のビアレストラン「P.C.M. Pub Cardinal」をはじめ、六本木ヒルズにあったハートランド（2代目・すでに閉店）の店舗設計をしたりと、サラリーマンの枠に収まらない活動をしている。「天下ご免を許されたキリン版の〝旗本退屈男〟」と評されるほどでもある。

ともかく、新しい動きのなかで、人も育っていった。

成果主義をいち早く導入

さらに、80年代半ばからキリンは人事制度の改革にも着手する。89年に年功型から成果型へと賃金制度・報酬体系を変更。あわせて、現在のダイバーシティ（多様性）につながる、年次管理ではない実績本位の評価制度が導入されていく。

「それまで年功制、減点主義だったのを、1年ごとの加点主義、実績評価へと変えました。シェアが高かったころのキリンは、当事者意識が欠如した評論家ばかりとなり、コスト意識すら希薄でした。これを戦える集団にしたかった。管理職を経営職という呼び名に変えたのも、当事者意識を高めるため」と当時、人事部幹部は話していた。

導入以前は年功制で賞与考課すらなかったそうだ。「課長クラスで仮にボーナスを100万円もらったら、実績による差は2万円もなかった。同期ならば、役職に関係なく月額給料に差はなかった。これが、営業課長などを担える経営職（管理職）４級で、成果により最大で月額2万円の格差が出るようになった。しかも、４級以上の経営職には定期昇給そのものを廃止した」（同）。

成果主義の是非は別にして、グローバルスタンダード（国際標準）に則する評価制度へと、キリンは舵を切る。要は日本独特の年功制の否定だった。富士通やホンダが成果主義を導入するのは90年代に入ってからなので、日本の大手企業では最も早い、日本的人事システムの改変だったろう。とくに、バブル崩壊後の90年代に入るとホンダなど多くの日本企業の業績は低迷していく。このため、成果型報酬体系の導入は、総賃金コストの抑制が主眼となる。これに対し、80年代のキリンにはコストを抑える必要がなかった。若手を中心とした〝人づくり〟を目的に、人事評価システムの理想型を追う挑戦だったといえよう。

圧倒的シェアをもっていたキリンは80年代に、新しい企業文化をつくっていくルネサンス期を導こうとしていたのかもしれない。ところが、突如予想もしない事態が発生する。

ライバル好調の裏にあったアサヒの危機

旧住友銀行副頭取から86年にアサヒビール社長に転じた樋口廣太郎から、筆者は96年7月に次の事実を聞いた。

「住銀の磯田一郎会長がサントリーの佐治敬三社長（いずれも当時）にアサヒ売却を申し入れたが、断られてしまった。この時点で万策尽きていた」

会談は〝84年半ば〟のことだった。

キリンが6割超のシェアをもち、同じ流通網を使っているサントリーが伸びていたため、80年代に入るとアサヒは経営危機に直面していたのだ。ちなみに、85年のシェア（販売）は、キリン61・4%、サッポロ19・7%、アサヒ9・6%、サントリー9・3%。3位と4位の差は、ほとんどないに等しかった。

アサヒにすれば、サッポロとの統合の話は何度も流れていた。キリンは独禁法から、これ以上ビール事業を拡大できない。そこで、最後に残った候補がサントリーという構図だった。

一方、81年に旭化成がアサヒの筆頭株主になる。京都の仕手集団が買い占めたアサヒ株を、磯田の仲介で旭化成が引き受けたためだった。

アサヒの社員たちは就業後、ビールを飲みながら「会社は生き残れるのだろうか。仮に残っても、〝旭〟ビールになるのかもしれん」などと、話し合っていたという（やはり樋口によれば、当時の宮崎《みやざき》輝《かがやき》旭化成会長は、アサヒを傘下に取り込もうと、〝その後〟水面下で動き出していたそうだ）。

だが、そんな最悪の状態にありながら、87年発売のスーパードライが、前述した通り大ヒットする。

サントリーのモルツ、キリンのハートランド、さらにサッポロのエーデルピルス（発売は87年4月）と、麦芽１００％のドイツタイプのビールが相次ぎ発売されていた。こうしたなか、スーパードライだけが副原料を使用し、発酵度を高くしたビールだった。バドワイザーなどと同様、肉料理など高カロリーの食事に合うのが特徴だ。

日本酒にたとえるなら、麦芽１００％は肴を必要とせず塩だけで飲める会津の酒。ドライビールは、刺身などの料理を引き立てるスッキリとした新潟の酒、という位置づけに近いだろう。

弱小アサヒは、なぜキリンを倒せたか

「社員はスーパードライを飲んではいけない」

アサヒでは、本社から全国の営業現場に指示が発せられた。

ときはちょうどバブル期。資金調達は容易になり、アサヒは広告宣伝費などのマーケティング投資を拡大させる一方、新工場建設などの大掛かりな設備投資を即断する。90年の生産能力を、86年の実に5倍にまで拡大させ、スーパードライの旺盛な需要に対応していく。

ビール類業界では94年にサントリーが開発した発泡酒、2003年にサッポロが開発した第3のビールなど、その後も革新的な商品が登場する。だが、いずれも「スーパードライ」にはなれなかった。この理由は、サントリーもサッポロも供給能力が限定されていたから。つまり、1980年代後半のアサヒのような、大掛かりな設備投資による増産ができなかったのだ。発泡酒、第3のビールともに、キリンが両市場を席巻していった。

一方、バブル期にアサヒは設備投資だけではなく、海外投資や財テクにも手を染めてしまう。92年末には連結有利子負債は1兆4110億円に達し、これは連結売上高の約1・

5倍に相当した。ただし、当時は連結での開示義務はなく、こうした厳しい財務状況を知るのは当時の瀬戸雄三《せとゆうぞう》社長（故人）をはじめ、ごく一部に限定されていた。

アサヒの営業現場にいた人物は言う。

「本社からは、売り上げを増やすことと、コストダウンをはじめ合理化の徹底と、2つをやるようにとずいぶん言われました」

借金が多くどうしても売上増を果たさなければならなかったアサヒは、2000年に赤字決算を決断しウミを吐き出した。「ただし、それまでの10年間の財務環境は厳しかった」（アサヒ首脳）と話す。

そして翌2001年にアサヒはキリンを抜いてシェアトップに立つ。1953年以来48年ぶりのトップ企業の交代であり、87年のスーパードライ発売から15年間の戦いだった。シェア1割未満だった会社が、6割超えだったガリバー企業を逆転したのである。どうしても勝たなければならなかった会社と、余裕がありすぎた会社の、勝利に対する執念の違いが出たのかもしれない。

その後アサヒは、2005年に勃発した第3のビール戦争でキリンに敗れた後の2006年上期、さらに、キリンとサントリーの統合が浮上した2009年に、キリンに敗れて2位に後退する。だが、年間を通して負けたのは2009年のみ。直近の16年まで、アサヒは1位をキープしている。

ただし、ビール市場そのものは、最盛期だった1994年の4分の3の規模に縮小してしまった。

とくに、2002年に4社が発泡酒の値下げ競争をして以降、市場は大きく縮小していった。安売りに走るビール類そのものの価値を、消費者が低いものと認識するようになっていったともいえよう。

ラガーと一番搾りの、痛恨のミスマーケティング

それにしても、なぜガリバーキリンは負けたのか。

まず、スーパードライの後を追って、キリンをはじめ3社がドライビールを発売したこと。これが、ドライビールを市場に認知させ、先発のスーパードライを優位にさせた。しかも、前述のようにアサヒは大掛かりな設備投資を実行し、生産能力を一気に上げる。

キリンは一番搾りというヒット商品を投入したが、従来からの主力であるラガーと、どう経営資源を配分するか、徹底した戦略がなかった。

とくに、1996年1月に、第一ブランドだったラガーを熱処理ビールから生ビールに変えた。味が変わり、ラガーのユーザーがスーパードライへと流れてしまう。痛恨のミスマーケティングとされた。

が、この前年から「生ビール売り上げNo.1」というスーパードライのテレビCMを打ったアサヒサイドは、「キリンの敵失をCMで誘った」と主張する。キリンのなかには『ラガーを生にできないのは、キリンに技術力がないから』、と外から言われて、ラガーを生にした。仕方なかった」という声もある。

仮に、ラガーを生にするのではなく、若者に人気だった一番搾りを前面に押し出していたなら、スーパードライのアサヒは窮地に陥ったかもしれない。巨額の借金を抱え後退など許されなかっただけに、場合によってアサヒはダイエーや日産のような経営危機へと追い込まれた可能性はあった。

逆転される2001年の11月に、キリンでは当時の荒蒔康一郎《あらまきこういちろう》社長が「新キリン宣言」を出す。これは「敗北を素直に認めたうえで、アサヒではなくお客様を見よ」と社員に訴えた内容。とりわけ、リベート（販売奨励金）を使い月末になると卸にビール類を押し込む、シェアを上げるための営業はこれからはやめようということが、暗に訴えられていた。

にもかかわらず、16年の現在まで、2009年を除き勝てない状況にいる。ここが問題だ。

「組織力のキリン」の歯車が狂ったとき

そもそも、ルネサンス運動が盛んだったところに、スーパードライという名の刺客が襲来し、会社が上から下まで混乱したのは間違いない。

とくに、キリンはトップ人事で負けた。スーパードライにより、1989年にキリンはシェア50％を割ってしまう（48・8％）。さらに、90年もシェアは49・7％と5割に届かなかった。

本来なら90年3月に3期6年の任期満了を迎えて退任する予定だった本山英世社長（故人）は、50％割れの凋落を憂い、1期2年続投を決めてしまう。前例のないことだった。「キリンは組織力の会社」なのに、トップ人事の歯車が狂ってしまったのだ。それまでは営業出身者がトップに就いていたのが、2年後の92年3月には本山社長と関係が深かった人事部門出身の社長が誕生する。さらに、総会屋への利益供与事件が93年に発生し、会長になっていた本山は引責辞任する。

こうしたなかで、ラガー生化は実行されてしまった。「桑原通徳《くわばらみちのり》さんが予定通り社長になっていれば、アサヒに負けなかった。ラガー生化などしなかったから」という指摘はキリンのなかにあった。営業出身の桑原はアサヒの牙城の大阪で辣腕を振るい、マーケティング部を創設、「一番搾り」を開発した前田仁をはじめ多くの人材を育てたことで知られる。だが、本山の続投で社長の芽は消え、キリン専務から子会社社長へ転出した。

「企業はトップで決まる」とよくいわれる。現在のキリンを含めどの時代のどの会社に対しても、当てはまることである。とくに、交代する人材(リリーフ)がいない会社は、凋落に歯止めがかからなくなっていく。キリンは商戦で負ける以前に、トップ人事で自壊していたのだ。アサヒはこれを見逃さず、冷静に敵失を誘導したのだった。

アサヒと阪神の奇跡

一方のアサヒには〝運〟もあった。87年のスーパードライ発売後、アサヒの樋口は「チャンスは貯金できない」とバンカーらしい言葉を使って、設備増強を急いだ。樋口の社長就任前、アサヒの設備投資金額は10年間で40億円程度だったのを、スーパードライヒットにより1年間で400億円にしてしまう。

「それまで設備はIHIや日立造船に発注していましたが、彼らはアサヒの納期要求に対応できないと言ってきた。そこで樋口さんは、三菱重工に発注する。すると、重工は造船用の生産設備でビールの貯酒タンクをすばやく製造して、納期に対応した。本来、キリンと同じ三菱系の三菱重工を使うことなどあり得なかったのに」と、かつてのアサヒ幹部は打ち明ける。仮に重工が納期に対応できる技術をもっていなければ、アサヒは生産量を増やせず、キリンの不規則なトップ人事もなかったのかもしれない。

さらに言えば、アサヒ復活の影には阪神タイガースがある。1985年、それまで低迷を続けていた阪神は、21年ぶりに優勝を果たす。西宮市の阪神甲子園球場では当時、ビールはアサヒしか販売していなかった。毎試合、満員に膨れた場内では、アサヒのビールが飛ぶように売れた。アサヒは「ガンバレ！　阪神タイガース」とデザインされた缶ビールを近畿圏を中心に販売していたが、こちらも85年は過去最高の売り上げを記録する。

85年のアサヒのシェアは、過去最低の9・6％。4位サントリーはジリジリとシェアを上げて9・3％まで迫っていた。阪神優勝がなければ追いつかれていた可能性は高く、4位転落ならば、「その時点でアサヒは終わっていた」（当時の複数のアサヒ幹部）という状態だったのだ。

アサヒビール元社長で現在はアサヒグループHD相談役の荻田伍は、14年3月筆者に次のように話した。「85年はビールの神様が、アサヒに降りたのだと思います。21年ぶりの阪神優勝が、一番苦しい時期を迎えていたアサヒを救ってくれた。どんな状況でも一生懸命やっていれば、いいことは必ず起こるものです。だから、決して諦めてはいけないし、逃げてはいけない」

このシーズン、阪神が激走するきっかけは、4月17日の夜甲子園球場で起こる。巨人軍のエースだった槙原投手から、バース、掛布、岡田がバックスクリーンに3連続でホームランを放ったのだ。いわゆる〝バックスクリーン3連発〟だった。

スポーツもビジネスも、「if」は禁句である。だが、敢えて使うなら、「もしもあのとき」槙原が、クリーンアップ3人のうち誰かをフォアボールで歩かせていたなら、バックスクリーン3連発は成立しなかった。そうすれば、21年ぶりとなる阪神優勝はなかったし、アサヒの復活はなかったろう。阪神の奇跡は、この2年後の「スーパードライ」大ヒットという〝もうひとつの奇跡〟を呼び起こしていった。

〝奇っ怪〟な人事

〝トップ人事の乱れ〟は決定的な敵失の後もたびたび発生する。

本山の次に就任した人事出身の社長は、ラガーを生化した直後の96年3月に会長に退く。社長には、経理や経営企画出身の佐藤安弘が専務から社長に昇格した。佐藤は広島や高崎など4工場閉鎖を断行。2001年3月、3期目の途中ながら会長に退き、東大農学部出身で医薬部門の荒蒔が社長に就いた。本山の後、3代続いて営業以外のトップが社長になったのだ。01年にアサヒに逆転を許すが、荒蒔は「アサヒではなくお客様を見よ」という「新キリン宣言」を出した。

再び、奇っ怪なトップ人事が、人知れず水面下で断行されたのは06年春。荒蒔は後継社長にスタッフ部門出身の役員を指名する。ところが、これが通らなかったのだ。「(前任社長で会長職に退いていた)佐藤さんが認めなかったため。同じ経理部門の候補者だったのに。そして、佐藤さんが指名したのが、誰あろう営業出身の加藤壹康さんだった。社内でもほとんど知られていないが、変則的な社長人事だった」(キリン関係者)。

2006年は〝第3のビール戦争〟が激化する年であり、佐藤は本流の営業部門からトップを起用しようと考えたのかもしれない。とはいえ、「お客様を見よ」と訴えたトップが、本来は社長の専管事項である後継社長の指名をできない事態になってしまった。決断が正しいかどうかよりも、決断するべき立場のトップが重大な決断をできないことのほうが、統治構造上からも大きな問題だったろう。経営責任を有さない〝ご隠居〟の意向が、重要局面で反映されてしまうのだから。

こうして誕生した加藤だが、「サントリーとの統合交渉に踏み切るなど、加藤さんは超ワンマン。そして強権を発動していく。この結果、加藤さんの周辺は〝イエスマン〟が多くなった」(別のキリン幹部)。

統合交渉が破談した直後の2010年3月、ワンマンの加藤は責任をとって退任する。緊急登板的に社長に就いたのが、加藤と同じ営業出身でキリンHD副社長だった三宅占二。創業100周年の07年、三宅は国内酒類事業のトップとして、「キリン・ザ・ゴールド」というビールを大掛かりな広告宣伝を投入して発売。スーパードライに対抗したものの、ヒットさせられず失敗に終わる。それでも、失脚しないばかりか、キリンビール社長、キリンHD副社長へと出世していった。

〝異例の人事〟が次に起きたのは、三宅が社長になって2年後の12年春先。キリンビール社長だった松沢幸一と、清涼飲料のキリンビバレッジ社長だった前田仁を、三宅は退任させてしまうのだ。相談役などの役職は用意されなかった。

2人はともに73年入社。やはり2人とも、統合計画が進行していた09年に社長になっていた。松沢は09年にシェア首位奪還を果たし、東日本大震災の津波で被災した仙台工場を早期に復興させた立役者だった。前田は「一番搾り」をはじめ主力商品を開発したカリスマだ。一方、三宅がこのときキリンビール社長に起用したのが、広報やホテル事業などに携わってきた77年入社の磯崎だった。

この人事の背景には、中間持株会社を導入したい三宅に対し、松沢と前田が「必要なし」と反発するなど対立があったとされる。さらに、直前の11年11月、ブラジルのビール2位であるスキンカリオール（現在のブラジルキリン）をキリンは約3000億円で買収した。買収金額は当初2000億円で決まったのに、一部株主が異議を唱えたため1000億円も上積みされてしまうという事態を招く。決断した三宅への批判は社内外から高まっていた。

キリンの幹部は言う。「スキンカリオール買収で、キリンHDの軸足を海外事業に移す戦略を三宅さんは描いた。そこで、手薄になる国内を強化するため、キリンHDと事業会社のキリンビールとのあいだに13年1月、中間持株会社『キリン』を設けます。実行したのは磯崎さんですが、指示したのは三宅さんでした。これに反発したのが、前田さんだった。12年1月には、営業専門会社のキリンビールマーケティングが、キリンビールの子会社として設立されていた。営業専門会社までは仕方ないにせよ、組織をさらに重層で複雑にする中間持株会社は『必要なし』と、前田さんは主張した。前田さんは、何でもひとりでできてしまう経営者でした。前田さんの存在だけで、ライバル社はみなキリンを警戒していたのに」

〝組織力のキリン〟が、その組織の有り様をめぐり綻んでいくのだから皮肉だった。

2人の実力者がいなくなり、70年入社の三宅に対し77年入社の磯崎とのあいだに〝人〟がいなくなった。このため、三宅の長期政権とならざるを得なくなる。

ワンマン社長の後、経営の舵取りをするのは難しい。しかも、世紀の経営統合が流れるという後遺症を引きずった状態で。

こうしたなか、「三宅さんがトップにいる限り、3社は好きなようにやれる。実績のない社長がその立場から功労者を安易に切ったら、みんなやる気をなくす。〝組織のキリン〟になっていない」（ライバル社の役員）といった声が社外では相次いでいた。

15年3月、キリンHD社長は三宅から磯崎に代わり、キリンビール社長には同年1月に布施が就いた。三宅は代表権を持たない会長に退いた。一連の人事が発表された14年12月、会場に残っていた三宅は筆者に言った。「（私の）責任？　当然感じている。今回のトップ人事は私ひとりで決めた。佐藤さん？　関係ない。歴代社長には相談していない」キリンとサントリーの統合計画が浮上し、「09年のアサヒはシェア競争から距離を置いていた」（大手卸の幹部）という事情はあったにせよ、09年にキリンは9年ぶりにシェアトップに立った。キリン37・7％、アサヒ37・5％だった。ところが、三宅がキリンHD社長になった10年には逆転され、14年にはキリン33・2％、アサヒ38・2％と、シェア差は実に5％に広がっていた。

中間持株会社の有り方は15年に見直され、キリンHDの役員が兼務する形に変わる。3000億円で買ったブラジルキリンは不振が続き、15年12月期にキリンHDはブラジルキリンののれん代など約1140億円を減損損失として計上。キリンHDは上場以来初めての赤字に陥った。この責任を取り、三宅は会長を辞し相談役に退いた。また、キリンビールマーケティングは、17年1月1日にキリンビールに吸収された。

国内強化、クラフトへの挑戦

15年は、キリンの「一番搾り」強化策がようやく実を結び、ビールの出荷量が21年ぶりに前年を上回った（1・1ポイント増）。さらに、クラフトビールを本格的に展開しはじめ、

14年秋からは瓶で複数展開しているほか、渋谷区代官山の東急東横線の線路跡地と横浜工場内に、クラフトビールを提供するビアホールを15年春にオープンさせた。サントリーのような海外展開というよりも、国内に注力していく方向だ。

「日本で飲まれるビールは、淡色麦芽を使ったピルスナータイプのビールがほとんどです。ビールは本当は多様であることを日本の消費者に示していく、キリンの新しい価値の提案です。5年程度で単年度黒字にしていきます」と磯崎功典キリンビール社長（15年からキリンHD社長）は言った。

クラフトビールを提供する店舗内には、小規模な醸造施設を設置した。つまり、小さな釜でていねいに、多様につくり上げているのだ。店で提供する料理とさまざまなクラフトビールの組み合わせも含め、キリンは新たなビジネスモデルを構築している。国内ビール市場そのものは、少子高齢化などから縮小中だが、消費者から気づかれていない新しい価値の提案により、活路を開いていく戦略だ。

代官山の新店開発には「ハートランド」「一番搾り」に携わり、営業の精鋭を集めた「キリン特殊部隊」（第4章にて後述）の中核としても活躍した、〝トレンディ島田〟こと島田新一も入った。

このクラフトビールを展開する会社名およびブランド名は、「スプリングバレーブルワリー」。アメリカ人のウイリアム・コープランドが我が国で初めて、横浜でビール造りを始めたのは、1870年（明治3年）。このときの醸造所名が、同じスプリングバレーブルワリーだった。同社が倒産した後、1885年に同じ場所に三菱の総帥岩崎彌之助《いわさきやのすけ》らが出資して、キリンの前身となる醸造所、ジャパン・ブルワリー・カンパニーが設立される。「日本で最初の醸造所へのリスペクトを込めて、スプリングバレーブルワリーとしました」とキリン。

提携先は名門ブルワリー

事業会社のキリンビールは2014年10月、星野リゾート（本社は長野県軽井沢町）系のクラフトビール大手、「よなよなエール」などを手掛けるヤッホーブルーイング（本社は長野県軽井沢町）と業務・資本提携。ヤッホーが販売するビールの一部をキリンが受託生産するほか、ヤッホーからネット販売などのノウハウの提供を受けている。

「楽天をはじめネットでは日本で一番売れているビールがヤッホーです」と井手直行《いでなおゆき》ヤッホー社長が言えば、「〝とりあえずビール〟という日本の習慣をなくしたい。本来のビールは、多様で奥行きは深い」とヤッホー幹部。缶でクラフトビールを展開するヤッホーは、「よなよなエール」をメインブランドに、苦みを強調した「インドの青鬼」など個性を前面に打ち出している。

この提携の背景には、磯崎と星野リゾート社長の星野佳路《よしはる》との関係があった。磯崎は1988年から米コーネル大学ホテル経営大学院に留学したが、同じ大学院でホテル経営を修めていたのが星野だった。磯崎は、星野の夫人である朝子（15年から日産自動車専務執行役員）を「朝子ちゃん」と呼ぶほど、家族ぐるみで親しい間柄だ。需要増から、新しい工場を必要としていたヤッホーの内部事情を知った磯崎が、14年年初に星野と会ったのがきっかけだった。キリンは十数億円を投じヤッホー株の33・4％を取得。ヤッホーはキリンの持ち分法適用会社になったが、役員の派遣は行わずキリンはヤッホーの独立性を維持した。

さらに16年10月、事業会社のキリンビールはニューヨークにあるクラフトビールの名門、ブルックリン・ブルワリーの株式24・5％を数十億円で取得し業務資本提携を決めた。ブルックリン社は、新工場建設などで広く出資を求めていた。世界からオファーを受けるなか、キリンを選んだ。

ロビン・オッタウェイ社長は「当社の独立性を認めてくれたキリンは、尊敬し合えるパートナー。乾燥ホップの扱いなど技術が高い」「（渋谷区代官山の）スプリングバレー東京で多くの若い女性がビールを飲んでいる様子を見て、感心した。キリンがクラフトビールの啓蒙に力を入れているのを理解できた」と話した。

15年春に開業した東京店と横浜店の初年（4月～3月）の来場者は、約26万人（うち7割が東京）を数え、当初目標の20万人を超えた。オッタウェイ社長は、東京店に複数回来店。和田徹スプリングバレー社長らと接触していた。

和田は、一番搾りを開発した前田仁の〝一番弟子〟。前田がマーケティング部門の責任者だった時代に、「淡麗」や「氷結」を商品化した。クラフトビールのプロジェクトは2011年9月、「ビールの未来をつくろう」と訴える和田を中心としてマーケ現場から内発的に始まり、やがて事業化されていった。ブラジルキリンへの巨額投資などで、使える資金が限定される環境下においてだった。

布施孝之キリンビール社長は、「（ヤッホーとブルックリン社という）国内外の提携により、多様で奥行きが深いクラフトビールを盛りあげていく。ブルックリン社とは、日本向け商品の共同開発にも踏み切りたい」と話す。ブルックリン社の醸造責任者は、米クラフトビール界のカリスマとして知られるギャレット・オリバー氏。キリンはスプリングバレーで、16年に年間40を超える新製品を開発した。これだけの数を開発するのは、世界大手でもクラフトの名門でも至難である。小規模醸造所のほか、横浜工場にはパイロットプラント（実験工場）をもち、1100株もの酵母を有し、なにより醸造や原材料の技術者が豊富にいるからできる業だ。

大量生産から、個性重視のものづくりへ

それにしても、クラフトビールの可能性はどうか。

我が国では戦後、会社の時代が長く続いてきた。サラリーマンの心の中心には会社があり、良くも悪くも社員の同質性は求められてきた。ときには、「金太郎飴」などと揶揄されながら。

現在でもサラリーマンは労働人口の約8割を占め、その数は約5300万人（いわゆる正規雇用者だけなら3411万人）。

サラリーマンから愛されてきたのはキリンラガーであり、98年からはこの年にブランド№1になったアサヒのスーパードライだった。仕事帰りにみんなで縄暖簾《なわのれん》をくぐる。同じ居酒屋でも、上司の悪口を言い合ってストレスをひたすら解消するという酒席があれば、会議室では見出せなかった答えを別の角度から話し合うという酒席もある。どんな場合も、

テーブルには大手のビールがあった。

ところが、会社の時代から個人の時代へとシフトしていくと、愛されるビールの中身は変わっていくはずだ。

日本でも起業家やベンチャー企業が増加していくと、会社に従属せずに個人の技能や価値で生きる人も増えていく。新しい取引は新しい会社に生まれていくからだ。そのとき、我が国の社会や日本人の生き方は、若い人から変わっていく。

デザイナー、商業施設などの設計者やプランナー、コーディネーター、コンサルタント、カリスマ的な美容師や理容師……。彼ら彼女らは、万人受けするビールよりも個性的なビールを選んでいくだろう。西海岸がそうであるように。生活者に近い存在のビールは、社会や文化、人々の生き方の変化に敏感に反応していくのだ。クラフトビールの可能性が期待できる面はある。

キリンのクラフトビール事業は、短期間で利益を得る性質のものではない。10年におよぶ長期的な戦略のひとつであり、人々のライフスタイルを変えることを目指している。世界8位のキリンが生き残るためには、従来のような単品の大量生産だけでは難しい。

大量生産を目指す装置産業とは一線を画し、「他社とのコラボをキーワードとする新しいものづくりへの挑戦」（和田）という位置づけである。

今度こそキリンは変われるか

キリンは資産を売り、そこで得たキャッシュを海外投資や国内の営業投資にまわしていく。キリンビールの原宿本社、キリンHDの新川本社などの自社ビルは売却し、13年5月にはキリンビール、キリンビバレッジ、メルシャンの事業会社3社の本社機能は中野の賃貸ビルに集約させた。約2500人の社員が同じ建物で働く形になっていた。「これまで都内に点在していたのがひとつになるのは、実は大きな意味があります。物理的にも同じビルに入るわけでコミュニケーションは格段にとりやすくなり、国内の総合飲料戦略にも弾みがつくからです。そもそも、組織力の原点とは、コミュニケーション力にあるのですから」と、磯崎は強調した。

さらにキリンは2014年、ビールにおいてラガーと一番搾りの2本柱から、一番搾りを前面に出す戦略を打ち出し、16年には全国47都道府県ごとに味の違いや個性を楽しむ「47都道府県の一番搾り」を発売した。地域の住民と一体となってコンセプトを開発しており、地域貢献を目指すという点では13年から取り入れたCSV（Creating Shared Value＝共有価値の創出）に通じるものづくりの手法を取り入れている。クラフトビールと同じく、少量生産による個性を追求した商品だ。17年も2割増を目指して展開していく。ユニークな商品、ユニークな人材、ダイバーシティや就きたい仕事に手を挙げる社内公募制など独特の制度も花開きつつある。

国内の家庭向けでは、ビール類業界内で相変わらずメーカー間競争が続いているが、流通大手に対する政策も重要になってきた。

セブン&アイ・ホールディングスやイオンをはじめ小売大手が、販売価格の決定権をもつなど、今世紀に入ってからは大手流通の力がより強くなっている。それだけに、PB（プライベートブランド）や共同開発商品などの展開も、1メーカーの浮沈を握っていく。

一方のサントリーは、1994年に発泡酒を投入して最悪期を脱し、2003年からは高級ビール（プレミアムビール）「ザ・プレミアム・モルツ（プレモル）」を育成。第3のビール「金麦」もヒットし、08年にはビール事業を黒字化させ、同時にサッポロを抜いて3位に浮上した。

ビール類市場が縮小しているなかで、プレモルは14年まで11年連続して伸びた。15年には前年を割った（0・8%減）ものの、ブランド別では、ラガーやサッポロ黒ラベルを抜き去ってもいる。

キリンビール執行役員横浜工場長の勝間田達広《かつまたたつひろ》は言う。

「キリンの強さは、信頼性と技術力がともに高いこと。

キリンの弱点は、時流に乗れない部分があること。

サントリーはコマーシャルが上手」

キリンビールマーケティング部商品担当主査（現在は中間持株会社キリン人事総務部人事担当主幹）の及川隆夫《おいかわたかお》は言う。

「キリンの強さは技術力、そしてお客様のためにという姿勢。

キリンの弱さは、過去数年にわたる戦略の一貫性の欠如です。これは布施も指摘する通りです。

サントリーは、清涼飲料から洋酒、ビールと総合的にマーケティングが強いのが特徴だと思います」

メルシャン社長の横山清《きよし》は、16年11月次のように話した。

「キリンというのは組織力でしょう。一人ひとりのレベルが高い。なので、誰かがプロジェクトを引っ張るときにも平均的にしっかりして、まわりはじめると大きな力となる。

弱点は言いにくいのですけど、昔の成功体験を引きずっている方もややいるように思えます。60％を超えるシェアが誇りだったのは間違いありません。ただし、いまは挑戦者の立場であるわけです。意識の転換は、ほとんどの人ができていていると思う。クラフトビールなど挑戦的なことは、キリンが先駆けてやってますから。

サントリーは、ビーム社買収など思い切ったことをやってのける会社です。また、あれだけ大きな会社なのに、『やってみなはれ』という創業者の意思がいまでも継承されているのはすごいことだと思います。創業精神などは、会社が成長していくと薄れていくものですから」

横山は同志社大学法学部を卒業した１９８３年、三楽オーシャン（現メルシャン）に入社したプロパーである。メルシャンは味の素創業家の鈴木忠治《ちゅうじ》が１９３４年に設立し、創業一族や味の素出身者が社長を務めてきた。キリンは２００６年にメルシャンを傘下に収め、キリン出身者を社長に送ったが、13年３月横山がプロパーで初めて社長に昇格した。

キリンビール執行役員でマーケティング部長の田中敏宏も、同時期に次のように言った。

「キリンの強さは品質本意。そして、社員がみな誠実なことです。ていねいなものづくりをしていて、47都道府県の一番搾りなどは、キリンにしかできません。

弱さは、真面目すぎて遊びが足りないこと。考えてばかりで実行されないケースもある。強さの裏返しです。

サントリーはやってみなはれの精神で、とにかく行動が早い。中学や高校の生徒にたとえると、キリンはクソ真面目な学級委員、対するサントリーはちょっとやんちゃなクラスの人気者、女子にも好かれる」

第4章

ビール・飲料会社の現場力

酒類・飲料は人々の生活に密着していて、客層は限りなく広い。では、この産業に従事しているビジネスパーソンは日々、どう戦っているのだろうか。また、どういう人が、どういう思いで、価値を生み出そうとしているのだろうか。

この章では、人物そして現場を探ってみよう。

第1話

客にも社員にも、愚直に向き合う

キリンビール
社長
布施孝之

早稲田バレー部で学んだ経営の基礎

「生まれ育った千葉市の稲毛海岸には、海があり里山があり、子どものころは豊かな自然のなかで、遊んでばかりでした」「おやじはサラリーマンでしたが、祖父は東京からの海水浴客を相手にする休憩所をやっていました。遊びが忙しくて、手伝ったりはしませんでしたが」

2015年1月、キリンビール社長に就任した布施孝之は、1960年2月生まれだ。14年3月には、営業子会社であるキリンビールマーケティング社長に就いており、15年1月からは両社の社長を兼務している。

中学に進学したのは72年。バレーボール部に所属する。この年は夏にミュンヘンオリンピックが開催され、日本の男子バレーは金メダルを獲得した。五輪を前に男子バレー日本代表にスポットを当てたドキュメントアニメ『ミュンヘンへの道』が放送され、競技への人気は高まってもいた。

「身長は中3から急に伸び始めて、気がつけば1メートル80センチになってました」

ポジションは攻撃の中心であるウイングスパイカー。中学で始まったバレーとの付き合いは、その後進学する県立千葉東高校、早稲田大学まで続いていく。

早大商学部に入学したのは78年。街角にピンク・レディーの『サウスポー』が流れ、法政を卒業した江川卓は浪人し、早稲田のキャンパスから学園紛争の嵐が消えようとしているころでもあった。

「時々でしたが、ロックアウトがあって授業が休講になりました。ただし、学生運動はもう終わっていくと、肌で感じられた。時代は動いていたのです」

同年、佐藤章《あきら》（後のキリンビバレッジ社長）も、早稲田学院から早大法学部に進学する。

キャンパスや近くの定食店などで、同学年の2人はきっとすれ違っていたはず。だが、巨大な大学で知り合いになる機会はなかった。互いを知るのは4年後の82年に、キリンビールに入社してからとなる。

「(大学では)バレーボールは体育会ではなく、同好会で続けました。ええ、同好会のなかでは一番強く、練習は厳しかったですよ。そして、大きな転機は2年生の秋に訪れました。東京女子大学の体育会バレー部の監督に、私が就任したのです」

所属した同好会は、東女バレーボール部に監督を派遣する伝統があったのだ。布施は2年秋から卒業まで、同監督を務める。早稲田での同好会活動と並行してのことだった。

西荻窪の東女には、週3回通う。守衛とすぐに顔なじみとなり、いつも笑顔で迎えてもらった。東女のキャンパスには、若い男子は布施以外いない。

1回の練習は3時間ほど。毎回ハードに打ち込んだ。最初のころは、選手の多くは年上だった。そもそも、名門女子大の東女は、スポーツに力を注いでいる学校ではなかった。約20人いた部員は、一般入試の合格者ばかり。体育入学者などはいなかった。中高での部活の経験者がいる一方、大学で初めて本格的に打ち込む部員もいた。

「女性は、難しいのです。とくにエコヒイキにはすごく敏感。監督と選手の恋愛沙汰など、決してあってはならないことでした。みなに平等、公平に接しなければならないから」。

一方で「いまにして思うと、2年半の監督経験は、現在に通じる経営者としての基礎も学ばせてもらえた」と話す。

スターではなくチームで勝つ

「チームとして勝つには、どうしたらいいだろうか……」

布施は考えた。バレーボールは6人で戦う団体競技だ。東女は早稲田とは違い、優秀なスポーツ選手の推薦入学などはない。卓越した選手は1人もいない。単純に先発6人の実力を足し算してみたら、ライバル校の総和とくらべて明らかに劣っていた。79年秋、布施が2年生で監督を引き受けたときには、関東の女子リーグが13部あるなかで、東女はちょうど8部から7部に昇格したばかりだった。7部に6校あるなかでは、実力的には一番下と判断できた。

「ウチのチームの強みは何だと思う？」

布施は部員一人ひとりに聴いてまわる。先発する6人をはじめ、ベンチ入りするレギュラーだけではなく、スタンドで応援する控えの部員たちを含めてだった。ここで分け隔てがあると、チームは崩壊してしまう。

「控えのメンバーに光を当てることは大切です。控えも一生懸命に頑張っているのだから。『お前たちがしっかりやっているから、レギュラーたちも頑張れる』と、きちんと声をかけるのです」

甲子園に出場するほどのチームの多くは、スタンドの控え選手がグラウンドのレギュラーを必死に応援している。競技の違いはあれど、チームスポーツに共通する点だ。

「チーム全体のモチベーションを上げ、部員の意思統一を徹底する。監督である私は戦略を明確に示す。決してブレてはいけない」「選手個々の力量を足し算してチームの戦力をくらべたとき、相手が8でこちらが2ではさすがに勝てません。しかし、7対3ならば、勝機は十分にあった。こちらの強さをチーム内で共通認識させ、同時に相手チームの弱点を探り、戦い方を指示しました」

自分たちの強みはなにかをチーム全体で共有することは、企業経営にとっても大切なことだろう。

布施が卒業するときには、東女は4部にまで昇格していた。ただし、4部ともなると対戦相手のなかには体育大学なども交ざるようになり、思うようには勝てなくなっていく。

監督を引き受けたころ、保険を研究する名門ゼミの入室試験に合格する。ところが、3年に上がりゼミがスタートする前に、担当教授が急逝してしまった。

「このため、マーケティングのゼミに入り直しました。保険のゼミだったら、生保か損保会社に就職していたでしょう。もっとも、勉強よりバレーボールが中心でしたが」

早稲田と、東京女子大がある杉並区の西荻窪とを行き来しながら、自分の練習と監督業とをこなす。やがて、千葉市稲毛の自宅から通うのは面倒くさくなり、友人たちの下宿を泊まり歩くようになる。西武新宿線沿線や高田馬場周辺が、主な外泊先だったそうだ。いまとは違い、早稲田や明治には地方出身の学生が多かった。友人たちも布施を気軽に受け入れ、時には酒を飲みながら、深夜までとりとめもなく語り合うこともあった。

「君は、キリンよりサントリーに行け」

早稲田大学の4年生になりキリンビールを受けたのは、「ビールは大衆的な商品であり、わかりやすかった。大手4社なら、6割を超えるシェアがある最大手のキリンがいいと判断した」からだった。

当時の就活解禁日だった10月1日、原宿にあったキリン本社を訪ね、1日で一次と二次面接を受ける。夕方、自宅に電話を入れると、「明日は最終面接があると、キリンから電話があった」と知らされる。

最終面接では緊張していて、何をどう話したのか覚えてはいない。唯一記憶しているのは、本山英世専務（後に社長）から、「君は、キリンよりもサントリーに向いている。あちらを受けたらどうか」と言われたこと。早大の学生でありながら別の大学でバレーボール部の監督を務めるなど、ユニークな経験を指してのことだったろう。だが、その日のうちに内定を得る。「こういう元気がある奴も採ってもいいだろうと、役員たちが考えたのだと思います」。

82年春、晴れて入社すると、神戸支店に配属された。支店長は桑原通徳（後にキリン専務、近畿コカ・コーラボトリング社長）。

初日、桑原は布施たち2人の新人に言った。

「キリンのシェアは62%、神戸はもっと高い。だが、キリンはいまのままでは危うい。圧倒的なシェアは、酒販免許という規制や既存の秩序の上に成り立っているからだ。酒販免許はいずれ自由化され、スーパーの店頭にビールが並ぶ。大手流通の力が強くなり、小売価格は変動し、瓶から缶へと主流は移るはず。いまのキリンを支える、酒販店による配達は早晩消えていくだろう」

「成功体験にまみれたキリンが、こうした大きな変化に対応できるとは、俺には思えない」

布施は衝撃を受ける。当時のキリンは、自動車のトヨタ、家電の松下（現パナソニック）

と並び、強い会社の象徴だった。「業界のキリンビールになろう」と訴える中小企業の社長もいた。

だが、現実は桑原が指摘した通りに動いていく。キリンの強さは瓶のラガーにあった。80年代、全国に酒屋は15万軒あり、「サザエさん」に登場する「三河屋のサブちゃん」のような店員が軽トラで瓶のラガーを家庭に配達していた。三河屋もサブちゃんも、その後消えていく。

「お前たちは好きなようにやれ。ただし、物事の本質を見ろ!」。こう訴える桑原を間近で見て、社会人になったばかりの布施は憧れをもった。

「桑原さんは先を読んでいる。自分もいつか支店長のような見識をもつ上司になりたい」

本流にいる営業マンは、卸や酒販店を担当していた。シェア6割超えのキリンは、さらにシェアが上がると独禁法の対象となり、会社が分割される恐れがあった。したがって、営業の仕事は売り込みではなく、調整だった。「今週は、この数量を割り当てます」と話すキリン営業マンを、卸はお茶を差し出して迎える。「御意の通りに」と。

だが、布施がこうした〝殿様商売〟を経験することはなかった。スーパーやホテル、遊園地、ゴルフ場など、将来需要が見込める分野を開拓する特販課に配属されたためだ。ビールに限らず、キリンレモンやグループの小岩井乳業の乳製品を本気で売り込んだ。ところが、「小岩井のチーズなんて売れないよ」と、バイヤーから怒鳴られてしまう。

神戸支店では、未来の幹部が勢揃い

「奥さん、どうですか？　小岩井のレーズンバターですよ」

82年に神戸支店に配属となった布施孝之は、食品スーパーの売り場に立ち、試食販売に従事する。「あら、おいしいじゃない。そこの景品、ひとつおまけしてくれたら、買ってあげてもいいわよ」「エー、困ったなぁ……。じゃぁ、内緒ですよ」

神戸のマダムたちは、指導に従ってくれた東京女子大バレーボール部の女子学生たちとは違い、手強かった。やがて、酒販免許をもっているコープこうべの店舗で、アルコール度数が低いライトビールのデモンストレーション販売に従事する。

支店長の桑原通徳は、後に専務、近畿コカ・コーラボトリング（現在のコカ・コーラウエスト）社長を務めるが、営業部門の精神的支柱とされ、多くの人材を育成していった。副支店長は人事出身で後に社長になる真鍋圭作《まなべけいさく》、若手では磯崎功典（現キリンホールディングス社長）、伝説の営業マンと呼ばれる真柳亮（後にキリンビールマーケティング副社長）もいた。ちなみに磯崎も、卸や酒販店を担当する本流の営業ではなく、布施と同じくスーいていた。パーなどに売り込む特販課に所属していた。

試練も経験する。担当していたゴルフ場が、ある日突然、他社のビールに切り替わっていたのだ。布施は、上司の課長に「訪問を続けていたし、提案もしていました」と自分には責任がないと必死で弁明する。黙って聞いていた課長は、最後に一言言った。「布施なぁ、コミュニケーションというのは１００％、受け手に権利があるんだよ」と。「ガーンと、頭を殴られたくらいの衝撃でした。これ以降、自分から話すのではなく、相手の話を聞くタイプに、営業スタイルを変えました」。

やがて、阪急百貨店との共同事業として、三宮駅北口の地下街に「ＳＵＮＳＥＴ通り」というビアホールを運営する計画が浮上。布施は店長に抜擢された。オープンは88年４月だが、その前年から布施は準備に取りかかっていた。このころのキリンは、東京六本木にビアホール「ハートランド（初代）」を、原宿に大皿料理のＤＯＭＡを出店していた。布施は両店を見学し、参考にする。

ＳＵＮＳＥＴ通りは１４４席ある大きなビアホールだった。「この店を、自分の家だと思ってもらいたい」。バイトたちに檄を飛ばす。東女バレー部のときと同様に、メンバーのモチベーションを上げた。布施は「私の20代は、お客様と接するところでずっと働いていました」と話す。

ところが、87年3月、ライバルのアサヒビールが「スーパードライ」を発売。大ヒットを記録する。店から支店に戻ると、古くから取引があった飲食店が、次々にスーパードライに切り替えられていった。

「大変なことが起きている……」。そう感じつつも、店長の仕事に全力で打ち込む。そして、89年10月、東京支社八王子支店営業課に異動した。

ライバル会社の自販機も掃除する

八王子支店では、酒屋にビールの自販機を営業してまわった。当時、たいていの酒屋は午後7時には店を閉めていた。酒販免許で保護されていたので、彼らには競争の必要がなかったからだ。7時を過ぎてビールを買う場合、人々は自販機に頼った。自販機の数を増やすことが、そのまま売り上げ増につながった。

狙い目は、多摩ニュータウンなど巨大な団地の商店街にある酒屋だ。都内に通勤する住人が多く、自販機のビールはよく売れた。

「掃除させてください」と、ライバル社のビールが入った自販機も雑巾できれいにする。どんなに、キリンのものに替えてもらいたくとも、口には出さない。手を黙々と動かし、

「ありがとうございました」と笑顔で立ち去る。これを何度も繰り返した。

やがて、酒販店の顔役が組合の会合で、次のように言ってくれた。「キリンの布施、あいつはいいぞ」、と。お陰でほかの酒屋にも、自販機はたくさん売れた。

新宿にあった西東京支店営業1課に異動になったのは94年3月。課長になったが、職能資格では管理職（キリンでは経営職）になってはいなかった。

ビール商戦の激化から、キリンは支店を急激に増やす。このため、課長の数が足りなくなっていた。布施はこのとき34歳。「部下のほとんどは、年上でした」。テリトリーには大激戦区の歌舞伎町があった。最大の商売相手は、歌舞伎町にある飲食店だった。

「生ビールサーバーのメンテナンス方法を、教えてください」。布施は、かなり年上の部下にお願いする。「よし、じゃあ、ついてこい。遅れるなよ」。部下は器材を積んだ自転車で歌舞伎町をまわり、その後ろを背広に革靴の布施が走って追いかけた。

客先で部下は、ていねいに説明してくれる。「このタップを外してだな……」。びっしょりと汗をかいた布施は、息を荒くしながら真剣に聞いた。

94年の夏は猛暑だった。ビール類の年間出荷量（発泡酒は販売量）は、過去最高の5億7321万5955箱（1箱は大瓶20本）に達する。2015年の出荷量の1・35倍に相当し、未だに破られていない記録だ。その一方、酒類のディスカウントストアが台頭し、ダイエーなどの大手スーパーも安売りを加速。酒販免許は緩和され、メーカー主導の定価販売は崩壊していく。現在のクラフトビールに通じる地ビールが解禁されたり、サントリーによって業界初の発泡酒が商品化されたのもこの年だった。

キリンが90年に発売した「一番搾り」はヒットし、アサヒ「スーパードライ」の勢いを一度は止める。だが、プロパーの瀬戸雄三社長が実権を握る94年から、アサヒは再び攻勢に転じていく。

商戦はひたすら加熱し、激戦区東京の最前線で布施は戦い続ける。

2001年、大手飲食店に営業する東京支社営業推進部の部長に昇進する。直後に、さりげないことがきっかけで都内の業務用酒販店のあいだでキリン不買運動が発生する。

「いつまで続くのでしょうか?」。不安がる部下に布施は言った。

「明けない夜はない。時間が必ず解決してくれる」

やがてこれは解決するが、「苦しい状況をともにしただけに、当時二十数名いた部下との絆は、いまでも強固です」と話す。

「本社は無視しろ。責任は私がとる」

2001年、キリンはアサヒにシェアを逆転されてしまう。1954年から半世紀近く業界首位だったキリンは、2位に転落する。〝負け〟がほぼ見えた01年11月、当時の社長だった荒蒔康一郎は「品質本位、お客様本位の原点に戻る」「負けを素直に認め、これからはアサヒではなくお客様を見ていく」という内容の、『新キリン宣言』を社内に向けて発する。

大手飲食店と業務用酒屋を専門に営業する、東京支社営業推進部で部長になったばかりの布施孝之は「まだ、俺たちはやれるのに」とこの宣言を否定的に捉えた。

部下との営業同行、難しい回収作業、客への信頼確保、そして部下の育成と成長。夜討ち朝駆けの毎日で、客前での土下座も日常的だった。身体をボロボロにしながら、現場で営業部隊は戦っていた。なのに負けを認めるなど、居た堪れない心境だった。何より、部下が不憫に思えた。

「しかし、いま社長になってみると、原点に戻れという荒蒔さんの宣言は正解だったと思えます。最前線で現場を指揮する部長と、経営トップの社長とでは、見える風景は違います」

その後は営業企画部の部長などを経て、08年3月に大阪支社長となる。大阪はアサヒの牙城だ。まず、50人を超すメンバー一人ひとりと面談を行う。すると「会社の方針が間違っている」「やらされ感がきつい」「もうやってられない」と、不平不満の集中砲火を浴びる。

赴任した08年は、思うような成果をあげられなかった。布施は年末、全員の前で話した。

「結果が出せなかったのは、私が誤った方向をみなに示したからだ。申し訳なかった。ただし、来年、大阪支社は全国のトップをとる。そのため来年は、本社の言うことは一切聞かなくていい。本社から下りてくるキャンペーン活動などは無視してかまわない。すべての責任は私がとるから」

それまでも、現場は全国統一のキャンペーンなどに振りまわされて負け戦《いくさ》が重なり、「やらされ感」ばかりが募っていた。布施は腹を括り、現場を本社の指令から解放させたのだ。

その上で、テーマを与えた。

「来年3月、一番搾りが麦芽100%にリニューアルされる。一番搾りの魅力を料飲店や業務用酒販店に伝えることを、最大のミッションとする。方法は、君たちに任せる。好きなようにやってみろ」

かつて師事した桑原通徳・元神戸支店長の、現場に伸び伸びやらせる手法を布施は採用したのだ。果たして、大阪支社は躍進する。営業成果が出ると、キャンペーンなどの数字も自ずと後からついてきた。そして、この2009年、キリンは9年ぶりにアサヒを抜いてシェアトップに返り咲く。大阪支社は大きく貢献した。

部下たちは自信をもち、首位奪還で歓喜に沸く。だが、それも束の間、布施に新たな試練が襲いかかる。

「経営を勉強してきなさい」。かなり上の上司から、小岩井乳業社長就任を言い渡され、着任したのは10年3月。「(キリンの)役員にもなっていない自分が、どうして名門・小岩井の社長になるのか」。内心驚いたが、異例な人事の裏側にはそれなりの理由があった。

まさかのリストラ、200枚の手紙

「そんなことは、初めて聞いた。キリンでは何も言われなかった……」

社長として小岩井乳業に乗り込んだ布施は、背筋が凍るのを覚えた。というのも、小岩井は経営再建を迫られていて、社員のリストラ計画がすでに決まっていたからだ。

「経営を勉強してこい」と辞令を受けたあと、「自分は小岩井乳業の人間になりきろう。キリンの話は一切せず、定年まで小岩井で働こう」と心に決めていた布施。ところが現実は、リストラを待ったなしで断行しなければならなかった。

5月に入ると、年末までのリストラ計画の説明会が始まる。「悪いのはキリンじゃないか。戦略をころころ変えるから、小岩井は振りまわされて経営が悪化したんだ」「社長は経営責任をとれ！」

着任したばかりの布施は、批判の矢面に立たされる。何も知らない社長を送り込むことで、小岩井社員の批判をかわし、人員削減を円滑にしようとする狙いが、〝上〟にはあったのかもしれない。

大阪支社長時代、部下から受けた不満の爆発とは、そもそも次元が違った。説明に聴き入る社員たちの目は、一様に怒りにあふれていた。リストラの対象は、生産、開発、営業など、全部門におよび、年齢も広範にわたった。断行しなければ再建は叶わないし、キリングループの経営にも悪影響を与えてしまう。

リストラされるのは本当に辛い。だが、リストラを執行するほうも、実は精神的にきつい。サラリーマンが、仲間のサラリーマンを切る。誰だってやりたくはない。しかも、対象者の背後には家族がいる。

高校や大学の受験期を迎えた子どもらは、進路を変更せざるを得なくなるかもしれない。大黒柱の失職は、家族を混乱させる。「明日から、一家の生活はどうなってしまうのか」。

布施は、居た堪れなくなった。便せんとペンを用意して、対象者の一人ひとりに手紙をしたためようと決める。

「赴任したばかりの自分は、対象者を知らない。でも、人として、思いを伝えたい」

人事部門からデータをもらい社内でエピソードを取材して、一人ひとりに便せん3枚におよぶ手紙を書く。「チーズ製造ラインの省エネ化に尽力いただき……」「新規開拓営業で多大な活躍があり……」「開発いただいた製品はいまや……」。

サラリーマンは、社長や役員になった人だけが偉いんじゃない。誰だって、輝きがあったし、貢献があった。みんな何かの役に立ってきたんだ。

ペンを走らせる布施は、つくづくと感じる。その一方で、新人時代に小岩井レーズンバターを試食販売した神戸のスーパーの情景を、ふと思い出す。神戸マダムから景品をせがまれた。当時から小岩井乳業とは縁があったのだろう。結局、したためた便せんは200枚を超える。

11年が明け、何通かの返書が届く。そのうちのひとつには次のようにあった。

「私がリストラされるとは夢想だにしなかった。しかし、そのときの社長が、あなたで本当によかった。手紙に感動しました」

社員の力の最大化が使命

「会社を去った先輩たちのためにも、力を合わせて頑張ろう」。リストラが終わり新体制となって、こう訴えたのも束の間だった。

2011年3月11日、東日本大震災が発生する。岩手県雫石町《しずくいしちょう》の小岩井工場は、操業を停止せざるを得なくなる。生産を再開できたのは6月に入ってから。結局、11年は赤字に終わる。

小岩井乳業が経営再建に向け本格的に動き出したのは翌12年から。「『生乳100%ヨーグルト』の売上高を、前年比150%にするぞ」。布施は目標を示す。だが、「ムリですよ」と、現場はすぐに反応した。

「生乳100%ヨーグルト」は、小岩井乳業の独自商品だ。生乳だけを原材料に、専用タンクを使い長時間かけて前発酵させ、その後ていねいに撹拌して仕上げる。手間がかかっているだけに、口当たりがまろやかなのが特徴だった。1984年に商品化され、安定して売れていたものの、目立った存在ではなかった。

「ウチはこの商品に賭ける。卸や小売、一般のお客様に、商品の魅力を徹底して伝えるんだ」。キリン大阪支社長時代、「一番搾り」に経営資源を集中させて成功を収めたのと同じ手法を布施は採用する。しかも、小岩井では「前年比150%」という高い目標を設定した。

「110%ならば、販促の強化など従来の延長でやれます。しかし、150%となると発想そのものを変えなければできません」

それまでは営業をしていなかった牛乳販売店といったチャネル、取引がなかった大手コンビニ、スーパーなどにも、売り込みを仕掛けていった。気がつけば、スーパーの売り場は同ヨーグルトを筆頭に多くの小岩井製品が目立つようになっていた。

「150%はできなかったけど、12年に130%を達成できた。生乳100%ヨーグルトはいまも伸びていますが、これが突破口となりチーズなどのほかの商品も売れていきました」「気づかないだけで、価値の高い商品は必ず社内にあるものです」

14年3月、キリンの営業子会社であるキリンビールマーケティング社長に転じた。さらに、15年1月からは兼務でキリンビール社長に就任した。そんな布施は自身の経営観について次のように言う。

「まず大切なのは、社員を尊重すること。自分の尺度で見るのではなく、社員の長所を見出していく。すると、人の見方は変わりますよ。私は、自分が何かに秀でているわけではないと、自覚しているのです。私はプロ経営者でもない。だからこそ、社員のもつパワーを最大化させてあげることこそ、私の最大の仕事だと考えています」「将来への方向性を示すのは、社長である私の役割。責任は私がとるので、社員には自分の好きなようにやってほしい。〝やらされ感〟を排除し、みんなが自発的に挑戦する会社にしていきたい。入社以来私は、辛く苦しい仕事を多く経験しただけに、そう思えるのです」

第2話

〝どん底〟から、グループ最年少社長へ

キリンビバレッジ
社長（当時）
佐藤章

バスケから同人誌まで

佐藤章は東京都出身。1959年生まれだから、小学生のころは高度成長期だった。そんな佐藤が、成績優秀な名家の子息が集う早稲田学院に入学したのは75年。

「〝学院〟では、バスケットボール部に所属してました。中学時代は野球をやってました。単純に背が高くなりたいという願望でバスケ部に入部したのです」

早稲田学院のバスケ部は、佐藤の2期上が東京都代表でインターハイに出場するほどの強豪だった。

「練習の前後には、ボールと床とを徹底して磨かなければならなかった。先輩との上下関係はもちろん、チームのあるべき姿、練習や試合に臨む心構えを教えられました。社会に出てからも教えは生かされました」

毎日ジャンプ練習をして、卒業するころにはいまと同じ175センチほどの身長に。「サルのように動きまわりディフェンスをして、切り替えて攻撃を仕掛ける」のを得意としていた。

バスケ部の後輩には、森永製菓取締役上席執行役員の平久江《ひらくえ》卓《たかし》、サントリーホールディングスに勤務し14年4月『壽屋《ことぶきや》コピーライター開高健《かいこうたけし》』（たる出版）を出版した坪松博之《つぼまつひろゆき》（俳優、津川雅彦の従兄弟でもある）らがいる。「運動能力に優れ、2人とも上手でしたよ」と言う。

大学は早大法学部へ進学。78年春のことだ。後楽園球場（当時）ではキャンディーズがさよならコンサートを開き、阪神甲子園球場で行われた選抜高校野球では群馬県立前橋高校の松本稔《みのる》投手が大会史上初となる完全試合を達成した。

早稲田のキャンパスから、学園紛争の嵐が去っていく季節でもあった。

「学院のチームメイトには、体育会バスケットボール部に入った友人もいましたが、僕は体育会ではなくバスケサークルに入った。その代わり、司法試験への挑戦をはじめいろいろなことに手を出していきました」

司法試験はそれなりに頑張ったが、勉強を重ねるうちに「『過去の判例を重視するやりかたは、どうも自分には向いていない。過去にない新しいものをつくって人々を喜ばせるのが、僕は好きだ』などと、考えるようになったのです」。勉強のほかにも、スポーツ、音楽、芝居、絵画、さらに同人誌づくりと、やりたいことを次々とやっていく。

フォークバンドも結成してギターとヴォーカルを担当した。また、『僕って何』で芥川賞を受賞（77年）していた三《み》田《た》誠広《まさひろ》を追いかけ、「ＭＩＬＥＳＴＯＮＥ」という文芸同人誌を仲間とともに創刊。表紙は佐藤自らが描いた。ちなみに、同誌はいまでも定期刊行されている。

「僕は、これからどう生きようか」。就職活動を前に、佐藤は考え始める。

「どういうわけか」のキリンへ入社

「章君は、メーカーに行くべきじゃないか」

あるとき、博報堂に勤務していた叔父から、こうアドバイスを受ける。文芸同人誌「MILESTONE」の創刊メンバーであり、フォークグループではかぐや姫を歌い、司法試験に挑戦し、バスケでも学院のレギュラーだった佐藤章。やりたいことはいくつもあった。テレビ局、広告代理店、そしてメーカー……。

81年当時には就職協定があり、大学4年生が企業訪問を許される解禁日は10月1日とされていた。だが、これは表面上の話。水面下では夏前から、「A」（または「優」）の多い優秀な学生を確保しようとする企業による〝青田買い〟は実行されていた。この結果、内定にあぶれた学生のなかには、五月雨式に翌春ごろまで実施される新聞社や出版社の採用試験を、〝最後の砦〟あるいは〝冷やかし半分〟として受ける向きもあった。

「メーカーならば、生活者に密着したビールや飲料を受けよう」

佐藤はビール大手4社を受け、就職先として業界トップのキリンビールを選択する。

「4社それぞれに風土がありました。サッポロビールは、伝統企業でありながらどこか北海道の香りがした。アサヒビールはサッポロと同じ旧大日本麦酒（49年に分割）でありながら、やはり関西企業の印象でした。そしてサントリーは、ビールというよりも洋酒文化に彩られていました。当時はね。3社に対し、キリンは『品質本位』と謳っていたことで、心を引かれました」

それでも、変だなと思うところもあった。当時のCMコピーをくらべると、サッポロはあの有名な「男は黙ってサッポロビール」（大物俳優の故・三船敏郎《みふねとしろう》が起用されていた）、サントリーは「若さだよ、ヤマちゃん」と若者をターゲットにした内容。

2社に対し、キリンのそれは「どういうわけかキリンビール」。

佐藤は思った。「ラベルにも『品質本位』と印刷しておきながら、『どういうわけか』はないだろう」、と。

ちなみに、81年当時、キリンは6割強のシェアをもっていた。サッポロが約2割、アサヒが1割強、サントリーが1割弱。高いシェアを誇るキリンは、これ以上強くなると独占禁止法が適用され、会社が分割されるという危機に瀕してもいた。このため具体的な商品広告は打ちにくく、企業のイメージ広告が中心だったのである。

82年に早大を卒業して入社。営業を希望し、配属されたのは群馬県だった。

「群馬県には当時、酒屋さんが2308店ありました。群馬担当の営業は2人でした」。酒販店のほかにも、酒のディスカウントストア、酒の販売を始めたばかりの一部コンビニ、もちろん卸もまわった。さらに、草津や伊香保《いかほ》、水上《みなかみ》をはじめ無数にある温泉、北軽井沢や尾瀬などの観光地、ゴルフ場、スキー場、そして県関係の施設もフォローしなければならない。

「万《よろず》営業でしたが、何でもやったことがいまの自分を支えていると思います。20代には、怖がらずに何でも経験するべき」

大消費地である東京に近い群馬には、当時各社の工場があった。高崎市にはキリン、新《にっ》田《た》町（現太田市）にはサッポロ、そして佐藤が赴任した82年には、サントリーが館林に隣接する千代田町に工場進出を果たしていた。業績低迷に歯止めがかからないアサヒは、千代田町の隣の邑楽《おうら》町に工場用地だけをもっていた（やがて経営が悪化して売却してしまう）。

群馬に集った〝スゴ腕〟たち

群馬国体の会場ともなった尾瀬岩鞍《いわくら》スキー場（利根《とね》郡片品《かたしな》村）と周辺地域は、キリンのシェアが9割以上あった。

冬がくる前に、まず2000箱（1箱は大瓶20本）を現地に運び込む。大きなリゾートホテルのほか、旅館や民宿、ペンション、ロッジ、食堂向けである。雪が降ると、佐藤はスノーモービルを操り2000箱を再び運ぶ。1日の仕事を終えると、村の酒屋で風呂を借りた。

「地域と密着して営業活動を進めるには、どうしたらいいか」。いつも考えながら営業を展開していた。観光地だけではなく、前橋市や高崎市などの都市部でも佐藤は成果をあげていく。

同時に勉強家の佐藤は、仕事の合間に「ランチェスター戦略」などマーケティングの専門書籍を読み漁る。「シェアが大きいから局地戦でも必ず勝てるわけではない。局面ごとに、どう戦っていくか」

スポーツマンであり勉強家、しかも誠実でハンサムな彼は、群馬で人気となる。

「キリンを辞めて、ウチの婿に来ないか？　群馬は生活がしやすいぞ」

半分冗談、半分本気で酒販店のオーナーから誘われることもあった。

そんな若い佐藤の前に、立ちはだかる男がいた。

男は前橋駅前の噴水の脇でタバコに火をつけると、駅舎から吐き出されてくる人波を見やる。何かを物色する眼差しだ。銀縁の眼鏡をかけ年齢は30代半ば。灰色のスーツを着ているが、そこはかとない怪しさも醸していた。

やがて、くわえタバコのまま早足で歩き始め、信号待ちする若い女性の背後から落ち着いた口調で話しかけた。

「ちょっといいですか……」。小気味よいリズムでトークし、時折渋い笑顔を交える。気がつけば、信号を渡った角にある窓の大きな喫茶店「白樺」に、2人は着座していた。さり気ない会話を交わし、しばらくして「私、男の人に声をかけられても、ふだんはついては行かないんです」などと女性がエクスキューズを入れた頃合いに、「ところで、アルバイトをしてみませんか」と男は誘いをかけた。

彼の名は菊地史朗《きくちしろう》。アサヒビールの営業マンである。市内の居酒屋の店主から「ウチが繁盛しているのは、女子店員がみなカワイイからだ。美女を集めてこい。そうすれば、ビールをキリンからアサヒに替えてやる」と約束を交わしていたのだ。このため、菊地は業務として〝ナンパ〟をくり返し、次々と女性アルバイターを発掘。店主は感激し、約束通りビールをアサヒにしてくれていた。

窮地に立ったアサヒ、数々の伝説

会社が経営危機を迎えるなか、アサヒの営業マンはみな工夫をした。酒販店に赴き、一般家庭に配達するビールケースの四隅の瓶ビールを、キリンからアサヒに差し替えたという話もある。配達先では「たまには違うのも入れておきました」などと、配達員に言ってもらう。ケースではなく、1本を売るために現場は動いていたのだ。

そして菊地には、いくつもの営業伝説があった。新入社員のころ、土浦市にあった〝特別な〟劇場に昼から入り浸る。最初は立売のオジサンと親しくなり、やがては支配人にも気に入られ、楽屋に出入りが許されるようになる。戦後、浅草での永井荷風《かふう》のように。

楽屋ではすぐに、踊り子のお姉さんたちのアイドルとなってしまう。

「ねぇボク、メロンがあるから食べていきなさい」

そう、踊り子たちから「ボク」と呼ばれて、菊地は可愛がられたのだ。

やがてお姉さんたちは、居酒屋やスナック、寿司店など行きつけで、「私はアサヒしか飲まないから、置いてちょうだい」と訴えるようになる。

店主は、上客の要望を聞かざるを得ない。こうして、土浦でアサヒは高いシェアを上げた。

前橋での菊地は、農家の納屋の2階に安く下宿する。経費を浮かせ、問屋や酒販店の担当者を招きビールで接待し、「どうすればアサヒは売れるか」をテーマに対話を重ねていた。

ある晩、酒販店の若旦那が言った。

「キリンの佐藤さんは、若いけどなかなかな人物だよ。あまり働かないキリンの営業マンとは違って、熱意を感じる。『困っていることはないか』と聞いてくるんだよ。勉強もしていて優秀だ」

「そうですか、手強いですね。でも、商品力を除けば、キリンの営業マンはアサヒの営業マンには敵わないと思います。サッポロやサントリーも、営業力では僕たちには勝てない」

「エッ、どうして」

「なぜなら、彼らは地獄を知らないからです」

「なんか、カッコイイ……」

「いやはや、〝頭の悪い子、元気な子〟なんです。これ、僕のことですよ」

「菊地さんは面白い。それにしても、アサヒに強力な商品が生まれたなら、大変なことになるのかなあ。シェアは低いけど、最前線の営業マンはみんな力がある」

そんな菊地が突然、群馬を去ったのは86年春。

「お前、本社のマーケティング部に異動だぞ」

上司だった荻田伍から電話で告げられた瞬間、菊地は思った。「アサヒに、横文字の部署などあるはずがない。営業でバカをやり過ぎたから、ついに窓際に左遷《させん》されてしまった。それにしても、マーケティングって何のことだろう……」

本社で菊地を待っていたのは、「ＦＸ」というコードネームがついた新製品の開発プロジェクトだった。具体的には、チーム内で新商品の販売計画を策定し、販促などを考える営業企画の担当。営業成績がトップクラスだったため、菊地は抜擢されたのだった。FXとは、大ヒット商品になる「スーパードライ」だった。

「スーパードライ」の激震

順風満帆だった佐藤に、というよりビール業界そのものに異変が発生したのは1987年の3月17日だった。

経営危機に陥っていたアサヒビールが、関東の地域限定でスーパードライを発売したのだ。スーパードライは大人気となり、5月には全国発売に切り替えられる。

佐藤は東武伊勢崎線・太田駅南口にある酒販店の店頭にいた。太田駅の南側には、北関東でも有数の歓楽街が広がる。太田には富士重工業とそのサプライヤー（部品メーカー）が集積し、サラリーマンが多く住む街でもあった。

「ドライある？」。客はみな指名買いした。佐藤が隣の冷蔵庫に詰め込んだ缶の「キリンラガー」は、見向きもされない。

店主は言った。

「最初はポツポツだったんだよ。それが、3週間もするとすごく出るようになった。瓶より缶が出るな」

佐藤は馴染みでもある店主に、頭を垂れてお願いをする。

「このまま負けるわけにはいきません。売り場にウチの商品をもっと置かせてください!」

店主は一瞬申し訳なさそうな表情を見せたが、きっぱりと言った。

「だけどサッチャンなぁ、(スーパードライを)客が勝手に取っていくんだよ……」

このときに抱いた悔しさを佐藤はいまも忘れない。同時に、「こいつは大変なことになりそうだ」と、素直に感じた。

県内の別の地域でも、店頭での反応は同じようだった。

酒販店のなかには、「スーパードライは、あの菊地さんがつくったらしいよ(正確には、開発プロジェクトのメンバーに入っていた)。すごいねぇ……」と、噂する向きもあった。

〝ドライ戦争〟勃発

翌88年、キリン、サッポロ、サントリーの3社は、アサヒを追う形でドライビールを発売する。世に言う〝ドライ戦争〟が勃発した。キリンドライは年末までに、3964万箱が売れた。スーパードライが前年に打ち立てた新製品の初年度販売記録である1350万箱を、あっさりと抜いてしまう。

だが、キリンの主力であるラガーは、キリンドライと競合したため販売量を落としてしまう。同時に、キリンはシェアを87年の57・2%から88年は51・1%へと6%以上落としてしまった。アサヒは12・7%から20・1%になって2位に浮上、サッポロは20・6%が19・9%、サントリーは9・5%から8・8%へと後退した（当時は販売シェア）。

結局、ドライのなかでは先発のスーパードライだけが、89年も大きく伸びていく。

スーパードライ以前の新記録は、86年発売の「サントリーモルツ」が打ち立てた185万箱。86年モルツ、87年スーパードライ、88年キリンドライと、3年連続の新記録更新だった。

しかし、2017年現在でも残っているのは、スーパードライだけ（モルツは15年「ザ・モルツ」に変わった）。3964万箱は未だに破られていない記録として残るが、キリンドライという商品そのものがいまはない。

「やはりメーカーは商品力だ。こうなったら、自分が支持される商品をつくろう」

太田市の酒屋の店頭で、悔しい思いをした後の88年初め。佐藤は自分が希望する職種や勤務地を人事部に申告する「キャリア申告書」に、「商品企画希望」と書いて提出する。

どん底時代――商品企画部での挫折

群馬の営業担当から本社の商品企画部（商企）に、佐藤章が異動したのは90年3月末だった。

営業成績が高かったこともあり、キャリア申告書を提出してから2年後に希望通り異動が叶う。「スーパードライに負けない、キリンを代表する新商品をつくる」と胸に秘めての転勤だった。

だが、佐藤のサラリーマン人生にとって、商品企画勤務は苦難の始まりとなっていく。

佐藤が商企に来る10日ほど前にキリン「一番搾り」が発売される。

開発責任者は、後にキリンビバレッジ社長を務める前田仁（現亀田製菓・社外取締役）。

前田は佐藤と入れ替わりに、キリン・シーグラム（現キリンディスティラリー）へと異動していた。一番搾りは大ヒットし、スーパードライの勢いを封じる。会社としては成功だが、佐藤個人としてはいきなり目標を見失ってしまった。

「大型商品を開発する必要性が、薄れてしまった」

キリンにマーケティング部を創設したのは桑原通徳（後に旧近畿コカ・コーラボトリング社長）。桑原は、もともとは営業マン。アサヒの牙城だった大阪で辣腕を発揮した後、神戸支店長などを務め、83年に同部門を創設した。同じく営業出身の前田をはじめ、人を育てたことで知られる。

90年3月当時、桑原は専務取締役大阪支社長だった。異動が決まった佐藤は、前橋から大阪に桑原を訪ねる。

そこで、桑原は言った。

「成功体験を棄《す》てろ。いままで学んできた知識、既存の価値観を超えて、新しいものをつくる。アンラーニングだよ」、と。

スーパードライも一番搾りも、従来の延長線上にはない商品だった。同時に、当初はほとんど期待されてはいなかった。スーパードライは関東限定で発売され、一番搾りはラガー強化策の陰に最初は隠れていた（ところが、ラガーの大型ＣＭに出演した大物俳優Ｋがハワイの空港で大麻の所持容疑で逮捕され、CMは打ち切られた。この結果、キリンは一番搾りに経営資源を集中させた)。

スーパードライと一番搾りはともに、バブル期に誕生したという点で共通する。その後も、アンラーニングな新商品を各社とも出したが、高級ビールを除くビールにおいて大ヒット作は誕生していない。

自分がやりたい仕事をできるサラリーマンは、そうザラにはいない。キャリア申告制度を利用して希望する新商品開発の職に就いた佐藤は、やる気に満ちていた。しかし、その熱意とは裏腹に、成果を出せなかった。新商品を上梓するどころか、社内の企画会議の段階でみな弾かれてしまったのだ。「営業とは勝手が違う……」。

部内には、87年入社の島田新一がいた。入社するやいなや、ファッションセンスやお洒落な着こなしから「トレンディ島田」と社内外で呼ばれた男である。島田は一番搾りの開発チームに加わった後、93年には副原料に米を多く使用した「日本ブレンド」を商品化させた。

これは一番搾りのような大ヒット作にはならなかった。だが、ある大物がこの商品の価値を認める。その人物は、佐治敬三。当時のサントリー会長である。

キリンの島田らが開発した「日本ブレンド」。サントリーの発泡酒開発のヒントにもなった

「米を5割、日本酒酵母でつくってみては如何」

こんなメモがサントリーの研究開発部門に投げ込まれたのだ。末尾には「K」というサインがあり、これをサントリー社内では「まるめメモ」と呼んでいた。まるめメモを受けると、進行中の仕事は中断させてでも、メモの指示を優先させなければならなかった。「米5割」とは、すなわちビールではなく発泡酒の試醸を意味した。日本酒酵母ではビール発酵はしないので、ビール酵母を使い試作を完成させる。

これにより、サントリーは翌94年に業界で初めて商品化する発泡酒開発に向け、大きく動き出す。すなわち、キリンの島田の作品が引き金となったのである。しかし、島田をはじめキリン関係者でサントリー内部のこうした動きを知る者はいなかった。

島田ら後輩を含め、みな新商品をつくっている。なのに、3年間が経過しても佐藤は新商品を出せなかった。

入社して初めて味わう挫折だった。そして、気がつけば〝どん底〟にいた。出社するのも辛くなったころ、さすがに見かねたのか、上司だった岩佐英史《いわさひでふみ》（後にキリンビール副社長）が言った。

「そう落ち込むな。ドイツのビール工場でも見てこい」

1週間ほどのドイツ視察は、佐藤に浮上のきっかけをもたらす。

快進撃は、ドイツから始まった

「醸し出すんだよ。人が技法でつくるんじゃない」

ミュンヘンの有名なビール職人は、佐藤にこう話した。ビール造りについての何気ないやり取りだったが、この言葉に佐藤は〝光明〟を見出す。

群馬での万営業が成功したためか、モノづくりにおいても、何もかも自分でやろうとしすぎていた。「それぞれの素材が、好きなように生きることが第一。理屈じゃない。これは、チームプレーにも通じる考え方だ。みんなの長所を引き出してあげる。そして、任せてみる」

醸造所によっては、地元の農家が自発的に「この麦を使ってほしい」と持ち寄ってくる。地域とビール造りが一体となっていた。

このときはデザイナーやカメラマン、プランナーなど外部のスタッフと一緒だった。視察が終わるころには、心にまとっていた鎧《よろい》が外れる思いを佐藤は抱く。

帰国すると、佐藤はプレミアムビールの担当となり、現在のクラフトビールにもつながる「ブラウマイスター」を商品化する。その後も、96年4月発売の「ビール工場」を上梓させるなど実績を出し、出社さえイヤになっていた〝どん底〟から立ち直っていく。

佐藤は14年夏、次のように話した。

「サラリーマンは、挫折がなければダメなんですよ。本当はね。たとえば、商品開発の分野で、ノーミスはあり得ません。失敗のリスクをみんな恐れているけれど、違うと思う。とくに若い人には、『苦労は買ってでもしなさい』と言いたい。失敗を糧にすれば、君は強くなれる」

97年6月、やはり手を挙げて、キリンビバレッジの商品企画部に赴く。役職は部長代理となった。

キリンビバレッジは当時、日本コカ・コーラ、サントリーに次いで3位だったが、「アサヒ飲料に抜かれそうになっていた。何とかしなければならなかったのです」。

清涼飲料は〝センミツ〟といわれる世界。つまり、新商品を1000出しても3つしか売れないという意味だ。缶コーヒー、お茶、炭酸飲料という大きなジャンルに強力な商品をもつことが、上位をとる条件だった。

「なのにウチには（86年発売の）『午後の紅茶』しかなかったのです」。そこで、この3ジャンルにプロジェクトを立ち上げる。部長代理の佐藤は3つすべてに入ったが、リーダーもメンバーもダブらないようにした。

「メンバーは、〝この指止まれ〟と示して集めました。やる気のある人、少なくとも関心をもつ人が集まってきた」

さらに、それまでは宣伝部がやっていた広告も、3つのプロジェクトに移管した。

「成功するかどうかなんて、わからない。しかし、やる価値はある。単発ではなく、3次にわたる連続攻撃を仕掛ける。俺たちは、チームで勝つんだ！」

ここから、佐藤のサラリーマン人生における快進撃が始まる。

スティーヴィー・ワンダーを口説く

「We are the same side（僕たちは同志なんだ）」

　握手を交わしながらスティーヴィー・ワンダーからこう言われた瞬間、佐藤章は身体が震えるのを覚えた。1999年7月。この日もロサンゼルスは、いつもと変わらない田舎びた空気がゆったりと流れていた。

　スティーヴィーの音楽スタジオに佐藤たちはいた。この年秋、発売する缶コーヒー「ファイア」に使うCMソング制作を、日米の広告代理店を通して佐藤はスティーヴィーに依頼していた。もちろん、何度も断られ、その度に粘り強く交渉を重ね、初めて対面したのがこの日である。

「君がオーダーした、日本のビジネスマンを元気にする曲ができた。聴きたいか？」

「オフ・コース！」

　MDかテープで聴くのかと想像していたところ、スティーヴィーはすばやい動作でキーボードに向かうと、いきなり弾きながら歌い始めた。

　密閉されたスタジオで生音源に触れ、佐藤は夢心地になる。

「どうだ？」。自信に満ちた表情をスティーヴィーは佐藤に見せる。「ブラボー！」と満面の笑みで拍手を送った佐藤だが、さり気なく言い足した。「1カ所だけ、直していただきたいパートがあります。それは……」

「What!?（何だと）」。アーティストは急に不機嫌になり、奥の部屋へと消えていく。ドアが閉まる〝バタン〟という金属音とともに、緊張した空気がスタジオを覆う。佐藤と部下であるO、日米の代理店関係者らは待つしかなかった。

果たして、15分が過ぎたころ、彼は部屋から出てきた。

「冷静に考えたら、アキラの指摘も正しい部分はある。こういうことか……」

言い終わるやいなや、巨匠は再びキーボードで歌い始めていた。

佐藤は、次のように語る。

「任せきりにするのが一番いけない。表面的に繕《つくろ》うのもダメ。相手が誰であれ、自分の気持ちを素直に伝えることが大切です。この場合なら、もっとよい曲にしたいという僕の思いを、ダメモトで伝えた。すると、スティーヴィーはわかってくれた。この瞬間、僕らは最高のチームとなり、勝利を確信できた。ええ、日本のサラリーマンは相手が誰であれ、言うときには言わなければならんのです」

この2年前、缶コーヒー、お茶、炭酸飲料と3チームによる連続攻撃を立案したとき、第1次攻撃の目標であるファイアは最重要と位置づけた。

「ファイアに失敗は許されない。CMの映像はインディアン。音楽はロックやジャズでなく、ソウルを使う。ならば、僕が尊敬するスティーヴィーしかいないじゃないか。どうせやるなら、最高にしたい」

経営会議では、反対意見が多く出る。当時の缶コーヒーのCMは、飯島直子や矢沢永吉ら日本人が登場していたからだ。だが、佐藤は決して引かなかった。その結果、社長は最後に折れる。「スティーヴィーが曲をつくってくれるならやってみろ。だが、できるのか本当に」、と。

ヒットは狙わない、二番煎じもしない

1999年発売の缶コーヒー「ファイア」に続き、2000年はペット茶「生茶」、01年はウーロン茶「聞茶《ききちゃ》」および機能性飲料「アミノサプリ」と、立て続けにヒット。佐藤章が仕掛けた連続攻撃は、炭酸飲料を除いて成功を収めていく。

「ヒットを打とうと考えたら、ヒットは打てません。合わせにいくと、差別化は難しくな

る。むしろ、スタンスを思い切り大きくとってホームランを狙うのです。理屈が正しい優等生商品は売れません。また〝二番煎じ〟を僕はやらない。上から命じられたら、拒否するか、つくり込んで新しいモノにします」

07年3月にはキリンビールに戻りマーケティング部商品開発研究所長、翌08年3月にはマーケティング部長に就く。

では、ヒットメーカーになった佐藤の仕事の流儀とは、どういうものなのか。

「僕のやり方は決まっています。お客様の不満を徹底的に聞き、解決策をいかに商品に投影するか、ということがモノづくりの基本です。プロジェクトチームでは、リーダーをまず指名する。次に営業や生産、資材など社内はもちろん、外部からクリエイターやデザイナー、プランナーなど、総勢で10人ほどを招集。性別、年齢、経験、役職などによる優位性が一切ないフラットな組織とします。問題解決に向かうための仮説を設定し、徹底的に意見を出し合っていく。ただし、最終的にどうするかは、リーダーがすべてを決めます」

ノンアルコールのビールテイスト飲料「フリー」は、09年に発売されるが、企画が始ま

ノンアルコールのビールテイスト飲料「フリー」。度数「0.00%」という市場を生み出した

ったのは07年秋。最初は「氷結」を開発した和田が手掛けていたが異動してしまう。そこで、佐藤はまず当時20代半ばだった梶原奈美子を、リーダーに起用する。

日用品メーカーから転職してきて最初に手掛けた開発商品（女性向けカクテルのRTD）が売れなかったため、梶原は沈んでいた。だが、梶原がビールの門外漢という点に、佐藤は賭けた。

ノンアルコールへのユーザーの不満は何か、門外漢のリーダーを中心にフラットな土俵で徹底して議論。やがて、梶原は警察関係の研究所に赴き、アルコール度数「0・00％」というメインコンセプトを見出す。この瞬間、佐藤はヒットを確信できた。それまでのノンアルコールは0・5％未満のアルコールが含まれていたのだ。雑多なメンバーがフラットな土俵でやりあえたから、斬新な商品を梶原たちは開発できた。

そして、アルコール度数「0・00％」という新市場が創出された。

リーダーは〝構造〟を見ろ

「日本企業の基本はチーム力。受験も大切ですが、中学や高校時代は部活などでチームプレーを経験すべきです。僕の場合は、早稲田学院バスケ部で多くを学びました。さて、プロジェクトチームのリーダーは構造を理解しなければならない、と僕は思う。メンバーが間違った方向に行こうとしても、『違う』と構造を見て止めるのがリーダーの役割なのです。指名するリーダーには、構造を見るように僕は指示する」

11年3月に九州統括部長、12年1月にキリンビールマーケティング執行役員九州統括部長。そして14年3月27日、キリンビバレッジ社長に抜擢される。このとき、54歳。キリングループの主要企業のなかでは、最も若い社長である。

佐藤は9月10日、千代田区の東京會舘で清涼飲料の高級ブランド「別格」の記者発表に臨んでいた。発売日は11月4日。緑茶、コーヒー、生姜炭酸、ウーロン茶の4種でスタートさせるが、みな原料や製法に特徴をもたせて商品化する。オープン価格ではなく希望小売価格とし、いずれも375グラムで税別200円。100円を切って売られる商品が多いなか、ツー・コインにこだわった。

「プレミアムビールがあるように、高級な清涼飲料があってもしかるべき。品質本位を基本に製販三層（メーカー、卸、小売）が利益を得られる商品にしたい。企画は僕のなかでは以前からあったけど、社長になった日に全社員にメールで概要を知らせた。今回は、僕は監修した格好。モノづくりがやっぱり好きなのです」

さらに14年秋にはファイアを一新。再び、スティーヴィーに歌ってもらった。直接の交流は今回はなかったが、アーティストは佐藤を覚えていたそうだ。

佐藤は言う。

「キリンの強さは、品質本位。

キリンの弱さですか？　僕の立場では言えない。ハハハ。まぁ、弱さというほどでもありませんが、チャレンジはやり続けなければいけないのに、キリンは挑戦に対しやや慎重なところはあります。

サントリーですか、ウーン、したたかな会社ですね」

2016年3月、佐藤は突如としてキリンビバレッジ社長を退任した。5月、日清食品ホールディングス（日清HD）が執行役員菓子事業担当として佐藤をヘッドハンティングした。9月には日清HD傘下の湖池屋社長も兼務している。

キリンの関係者は、「佐藤章さんは放っておいても3割を打てた。しかし、彼はホームランを狙いにいったため、2割7分の成績だった。3分足りなかったことが、磯崎さんからすれば物足りなかったのではないか」と指摘する。また、キリンの元幹部は「ビバレッジの予算は2000年代後半から制限されていて、佐藤さんは自分の思うような開発ができなかったはず。部長で大ヒットを飛ばしたころとは、ビバレッジを取り巻く環境が変わっていた」と話す。

磯崎は傘下にあるフィリピンの大手ビール「サンミゲルビール」社長の椅子を用意したが、佐藤はこれを断ったとされている。

いずれにせよ、食品の他社でも社長を担える人材が、キリンから誕生した。

第3話

「ハイボールブーム」の仕掛け人

サントリー酒類
(サントリースピリッツ)
スピリッツ事業部

右肩下がりのウイスキーを立て直せ

「ハイボールで勝負を賭けてみよう。ただし、ただのハイボールではなく、角瓶をソーダで割ったハイボールということを前面に押し立てる」

「角のハイボール、とするわけですね。どのウイスキーを使っているのかがわかれば、お客様に安心してもらえます」

営業マンの竹内淳《あつし》の言葉に、ウイスキー「角瓶」のブランドマネージャーになったばかりの奈良匠《たくみ》は真顔で応じた。

「これをやってダメなら、もう厳しいかもしれん……。それでもなぁ、奈良。そのときにはそのときで、また何か考えようぜ、次の作戦を」

こう話すと竹内は、少年が照れたときのような笑顔をつくった。

2008年4月、奈良や竹内らが所属するウイスキー拡販チームは、追い詰められていた。鳥井信治郎が立ち上げ、かつては一世を風靡《ふうび》したウイスキーだったが、縮小に歯止めがかけられずにいたのだ。

ウイスキー市場はピークだった1983年には、38万1100キロリットルの規模があった。ところが、2007年度は7万5300キロリットルと、24年間で5分の1ほどにまで減少してしまっていた。

「ウイスキーはオジサンの飲む酒。古くさい。僕の仲間たちは、こんな風に言ってますよ、竹内さん」

サントリーのウイスキー「角瓶」。ボトルの形状から「角」「角瓶」と呼ばれ始め、のちに正式名に。

こう話す奈良は東京都出身。東京大学農学部で農業経済を専攻して01年に卒業し、そのままサントリーに入社。札幌支店に配属され、北海道でビールやウイスキー、ワインなど酒類の営業に従事する。07年に本社

ウイスキーの市場規模

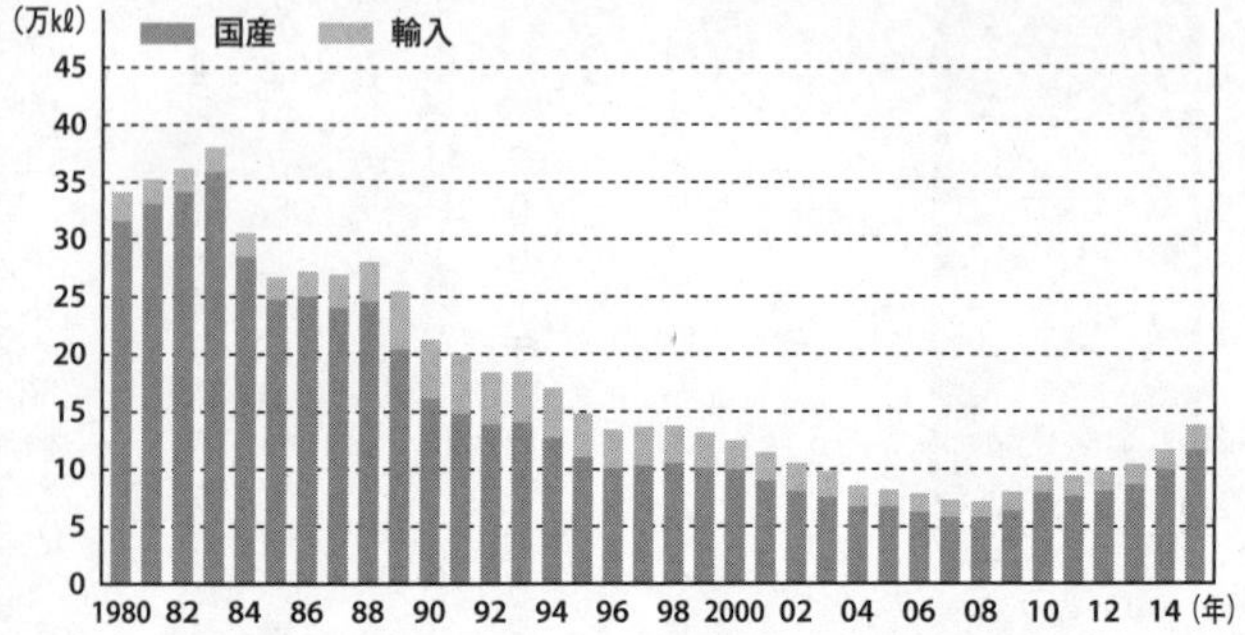

出所：国税庁まとめ

ウイスキー部門に異動となり、08年4月に角瓶のブランドを管理するブランドマネージャーになったばかり。このときは、まだ20代だった。

「俺の世代も同じようなものさ。どうも、20代や30代にとっての、ウイスキーのイメージがよろしくない」と、奈良よりも4歳年上の竹内は応じた。

銘酒・ボウモアとの出会い

竹内と奈良は2人とも、「ウイスキーをやりたい」という理由で、サントリーに入社していた。

奈良は大学3年のころからホテルのクロークでアルバイトをしていた。バイト先の先輩たちから飲ませてもらったのが、ウイスキーとの出会いだった。

「こんなおいしいものが、世の中にあるのか」

同じホテルのバーで飲んだストレートのボウモアに、奈良は魅了されてしまう。ボウモアは、スモーキーフレーバーの強いアイラモルト（イギリス・スコットランドのアイラ島で生産されるウイスキーの総称）の代表的なシングルモルトウイスキー。

アイラ島には8つの蒸溜所があり、そのひとつがボウモア蒸溜所。北大西洋を望む海辺に位置し、貯酒庫は地下にあり、床は海抜よりも低い。このため、樽詰めされたモルト原酒の多くは海抜ゼロメートルで眠っている。

ボウモア蒸溜所の道を挟んだ反対には蒸溜所が経営するホテルがある。ホテルの1階にはバーとレストランがあり、レストランでは水揚げされたばかりの生牡蠣にボウモアをそのままかける料理を供していて、知る人ぞ知る一品だ。

現在サントリーが販売しているアイラモルトの「ボウモア（12年）」

アイラモルトはほかにも、ラフロイグやラガヴーリン、アードベッグなどがある。ボウモアは「シングルモルト」だと述べたが、これは同一蒸溜所でつくられるモルトウイスキーのことだ。ジャパニーズならば、山崎や白州、ニッカの余市などがこれにあたる。シングルモルトは高級ウイスキーである。

一方、角瓶や響などは、ブレンデッドウイスキーと呼ばれる。たいていは複数の蒸溜所でつくられる大麦を原料とするモルトウイスキー、さらにトウモロコシなどを原料とするグレーンウイスキーとをブレンドしてつくられる。

失敗続きのハイボール戦略

奈良は入社時からの希望である、「ウイスキーに関わる仕事」にようやく就けたところだった。ところがそれはすなわち、四半世紀もダウントレンドにあるウイスキーを、何とか反転攻勢させなければならないことを意味した。

やりたいことではあったが、いきなりの大仕事である。

国内のウイスキーは税制改正による酒税の減税から、1997年度、98年度と、前年比で約1%ずつ微増した。このときにも「Dハイ」(「でっかいハイボール」)という名のハイボールを提案。アルコール度数10%、190ミリリットルの缶入りまで発売した。しかし、ウイスキーが浮上する新しいトレンドは生まれず、缶入りハイボールもヒットはしなかった。

99年度になるとウイスキーの消費量は同5%減と、再び下降へと転じていく。

さらに、2004年ごろにも、当時サントリーが扱っていたバーボンウイスキーの「ジャックダニエル」をソーダで割った「ジャックハイボール」を提案した。このときは、コーラ割りやジンジャー割りもあわせて提案し、最初はそれなりに話題にはなる。が、結果として大きな流れにはならなかった。

「何度もハイボールをやってダメだったじゃないか。同じことをまたやって、今度は成功するのか」

社内からは、あからさまに批判する声があがった。当然だった。可能性のないものに経営資源を投じられるほど、会社は甘くはない。

その一方で、竹内はハイボールに活路を求めようと動いていて、角瓶を担当するブレンダーの藤井敬久《たかひさ》に〝了解〟を得るために、これまでも何度か山崎蒸溜所内のブレンダー室に足を運んでいた。

「やってみなはれ」のサントリーだが、何もかもが許される会社では決してない。

前述したが、1937年に発売された角瓶により、ウイスキー事業は軌道に乗っていく。消費者から初めて認められた角瓶は、ジャパニーズウイスキーの原点でもあった。

それだけに、角瓶がもつ価値や世界観を壊してしまうような活動は認められない。ウイスキーの消費量がどれほど減ろうが、サントリーには日本市場にウイスキーを立ち上げた責任があった。

「果汁をこんなに入れて、どうする気だ」

竹内に対し、藤井は最初厳しかった。とりわけ、竹内がレモンをたっぷりと入れてハイボールをつくったことが気に入らない様子だった。

「僕たちは、何としてもウイスキーを復活させたい。できれば、若い人に飲んでもらいたいのです。その気持ちはわかってください、藤井さん。また、来ます」

ハイボールは日本育ちの独自カクテル

そもそも竹内や奈良たちが「角のハイボール」に賭けようとしたのはなぜか。

「東京や大阪の、焼鳥屋やお好み焼きなど〝焼き物〟のお店で、ハイボールが伸びていたからです。ウイスキーを取り巻くデータで、ハイボールが大衆的な料飲店で消費されているというのは、好材料として光っていました。そしてどうやら、20代や30代に人気があった。若い人たちは、新しいタイプの酒として飲んでいるようだったのです」と奈良はいま話す。

そうなると、味の骨格がしっかりしていて、しかもリーズナブルな価格で提供できる、といった条件でハイボールのベース酒になり得るのは、角瓶しかなかった。

プロ野球の監督が、開幕第1戦の先発マウンドに不動のエースを送るように、竹内たちは角瓶を指名する。ウイスキー浮上の重要な局面で、現場の若手たちはハイボールを切り口に、再び角瓶に賭けることとなった。

ちなみに、ハイボールの語源には諸説ある。

ゴルフ場のカウンターでウイスキーを飲んでいた英国紳士が、急にスタートだと呼び出しを受ける。慌ててチェーサーにウイスキーを入れて飲み干そうとすると、ハイボール（テンプラ）が飛んできて、そのままボールがグラスに入ったとか入らなかったとか、という説がひとつ。

開拓時代のアメリカ。蒸気機関車の給水場では、停車と発車をボールを掲げて合図していた。その際に、ウイスキーのソーダ割りのサービスがあったため、という説がひとつ。

ほかにもいくつかあるが、正確にはわからない。

ウイスキーをソーダで割ったカクテルは、イギリスやアメリカで昔からあった。日本に入ってきたのは終戦後。進駐軍が飲んでいたバーボンソーダが起源とされている。とりわけ、1955年（昭和30年）前後にサントリーが展開したトリスバーで供して、人気カクテルへと成長していった。

つまりは、鳥井信治郎が最初に〝ゆらぎ〟を起こしたのだった。こうして市民権を得て、日本でそれなりにハイボールは定着する。その後、チューハイブームやビールの拡大などの波にもまれながらも、人々に飲み継がれていった。

戦後サントリーが開業したトリスバー。ハイボールはここで人気カクテルへ成長した

ハイボールは、日本人が育んだウイスキーの飲用スタイルである。

ブームは「やっちゃいました」で生まれた

2008年5月の連休明け、竹内は奈良の席にやってきて、言った。

「奈良、実は俺、こういうのつくっちゃったんだけど、お前はどう思う」

茶色い紙袋から竹内が取り出したのは、角瓶と同じ亀甲デザインの、取っ手のついたジョッキだった。

「ホォー、新しいですね」

「とりあえず、これだけつくってしまった」

と、竹内は指を立てた。

「そんなに……、そうですか……」

奈良は、ハイボールを供している居酒屋や焼鳥屋、お好み焼き店、そしてバーをまわる。ハイボールを飲んでいる客やグループには、話しかけていく。

「すみません、ちょっとだけよろしいですか」

名前を名乗り、実地でヒアリングを重ねる。その結果、いくつかの事実がわかってきた。まず、ハイボールに入れるウイスキーの濃さだが、40代や50代は概して濃いのを好み、20代から30代は薄いのが好きだった。

竹内がつくったジョッキに対しても、40代以上の中高年は「これじゃ、ビールだよ。ハイボールは氷が入るし、ウイスキーはやっぱりグラスだろ」とする答えが多かった。が、若手は「面白いですね」などとたいていは支持してくれた。

「40代後半より上には、ウイスキーに慣れ親しんだ人が多い。逆に30代や20代はハイボールを新しい酒と認識しているように感じました」と奈良。

7月には20代から50代までの男女205人を対象に、嗜好調査を実施する。すると、バーに多い1対2、さらに奈良たちが一般的だと考えていた1対3よりも、薄いハイボールである1対4が若者中心に支持が高かった。ちなみに、1対4なら「アルコール度数は7%前後」（サントリー）となる。

前後して藤井が上京。社内のテストキッチンで、竹内や奈良たちメンバーに言った。

「お客様に、おいしく飲んでもらえるハイボールでなければならない」

竹内の山崎通いがあり、どうやら藤井は角ハイボールを認めてくれた。ただし、メーカーとして、求められる最大公約数を提示していく必要もあった。

というのも、同じ角を使ったハイボールであっても、提供する店、そしてバーテンダーにより、マチマチにつくられていたのだ。同じ居酒屋でもバイト君によって、濃さが違っていることもあった。

チューハイは、いまでもこれと同じ。しかし、新たな提案である角ハイボールは、もう一歩、踏み込んでいく。統一感を追い求めて。

そこで、藤井のアドバイスに基づき、標準となる角ハイボールのレシピを示したのである。

①キリッと冷やす。〝ジョッキ〟に氷を多めに入れ、冷やしたソーダを使う

②炭酸圧を強めに維持するため、ソーダはジョッキを傾け内側に沿わせて静かに注ぐ

③ウイスキーとソーダの割合は1対4に。

それともうひとつ、レモンは一番最初に、ちょっとだけ絞って入れる。

「角ハイボールこだわり3カ条＋1」として、飲食店に向け情報発信していく。

このころ竹内は、専用ジョッキに続き、「角ハイボールタワー」をつくってしまう。パブで使っている既存のスタンドコックを改良。ソーダのガス圧は瓶よりも高く設定。レバーを倒すだけで誰でも簡単に、冷えていてガス圧が高い1対4のハイボールをつくることができる器材だった。

ヒントになったのは、「ギネスビール」があるアイリッシュパブ。大きなビールサーバーが設置され、何の酒を供しているのか、客は店に入ればすぐにわかる。

1台が数十万円するタワーを100台ほど、竹内は独断で発注した。

タワーは、銀座の大衆的な居酒屋に1号機が納入される。

ほどなくして、ウイスキー部長(当時)の水谷徹が、竹内や奈良とともにこの居酒屋に視察に訪れる。水谷はハンサムで表層はソフトな人柄だが、内側には激しい情熱をもった男だ(ちなみに、14年10月、新たに発足したサントリービール社長に就任している)。

店に入り、大きなタワーに気づいた水谷は、思わず発した。「何だあれは!」。すぐに運ばれてきた角ハイボールのジョッキを手にして、再び驚く。「何なんだ、これもか」。

水谷の視線を受けた竹内は、頭をかきながら一言いった。

「はい、やっちゃいました」

サントリーは「やってみなはれ」の会社だが、ときとして「やっちゃいました」と社員が勝手にやってしまうこともある。そうしたときには、上司が上手く事後処理をするしかない。サントリーの首脳のなかには、「最近は〝やっちゃいました〟をやる社員が少なくなった。官僚的になっている証だが、寂しい限りだ」と嘆く向きもある。だが、いまでも時々は、やっちゃう社員は出るようだ。

「まったく……、仕方のない奴だなぁ……」

呆れたようにこう言うと、水谷はジョッキをすばやく口に運んだ。口元が緩むのを、隠すような動作にも見えた。

月島もんじゃストリートのローラー営業

統一したレシピ、専用ジョッキ、そして一目でそれとわかるタワー。やれることは何でもやっていった。

「月島のもんじゃストリートを、角ハイボールで攻略するぞ」

夏の暑い日、竹内は言った。

ちょうど2008年に放送されていた、NHK朝の連続テレビ小説「瞳」の舞台は中央区月島だった。このため、もんじゃ焼き店には、人が押し寄せてもいた。

奈良は営業マンと一緒に、月島をローラー営業した。

当時の月島もんじゃ振興会協同組合の役員によれば、もんじゃは食糧難だった戦後、東京の下町の駄菓子屋で生まれた。貴重品の粉をできる限り薄めて子どもたちに供したのが始まり。当初は、ウスターソースを粉に混ぜてから焼いていたが、具材が豊富な現在は焼きながら好みの量でソースをかける形に変わっている。

月島にはもんじゃ焼き店が70店以上あり、テレビの影響から、サラリーマンやOL、家族連れ、引退した高齢者、さらには修学旅行生と多様な人が集まっていた。

奈良が営業すると、何軒かはすぐに入れてくれた。そのうちの1軒を数日後訪ねると、店主がOL風の女性2人にもんじゃを焼きながら説明していた。

「もんじゃは、主原料がキャベツだから身体にも優しいんだよ」。と、ここで奈良を見るなり、「試して欲しいのが、ハイボール。ベースになっているウイスキーは蒸溜酒なので、余分な成分はそぎ落とされている。だから、ビールと違い糖質もプリン体も含まれていないよ。こっちも身体に優しいんだ」と話してくれた。口上につられ、彼女たちは注文してくれた。

奈良はありがたさが込み上げた。

「もんじゃも、ハイボールも昭和の香りがするんだよ。だから、相性はいい」。店主は話し続けた。

彼女たちが、もんじゃと一緒に角ハイボールを飲む姿を見て、そこはかとない手応えを奈良は感じる。「今度こそ、いけるんじゃないか」と。

しかし、期待も束の間、別の店舗を訪ねると、角ハイボールはメニューから外されていた。「あんまり出ないんだよね……。ビールもチューハイもあるしねぇ」

月島以外にも、全国各地の郷土料理とセットにした提案で、サントリーは営業攻勢をかけた。だが、思ったほどに、ウイスキーの数字は伸びない。

「やっぱり無理なのか」

現実を前に、奈良は落胆を覚える。

だが、現実の数字とは裏腹に、竹内をはじめチームはみな明るかった。

「来年のヒット商品番付に、前頭《まえがしら》の一番下でいいから、ランクインできたらいいよな」

「前頭といわず、どうせなら横綱を狙おう」

「大晦日《みそか》の紅白出場を狙う歌手は大勢おる。その歌手についているマネージャーやプロモーターのようだな、俺たちは」

「紅白に出場させたい」

ほぼ四半世紀にわたり、ウイスキーはダウントレンドにある。そこを、角ハイボールをもって反転攻勢へと結びつけていく。

シナリオはシンプルだった。

「結果は得られなくとも、チャレンジを続けているとき、すごくワクワクしてました。だから、落胆はしても絶望はしなかった。きついときには、とにかくみんなで明るくやることです」と奈良はいま話す。

奈良も竹内も、やり続けるしかなかった。栄光に向かう活路は必ずあると、どこかで信じながら。

2009年の転機

流れが来たのは、翌2009年に入ってから。「角ハイボール」の取扱店が、急に増え出すのだ。1月末に約1万5000店だったのが、毎月増え12月末には6万店に伸びる。

テレビや新聞、雑誌などのメディアが、「ハイボールがブームになりウイスキーが伸び始めた」といった内容で春先から取り上げていく。また、テレビCMも始める。

とくに6月、たこ焼き店「築地銀だこ」を展開するホットランド（佐瀬守男《させもりお》社長）が、新宿・歌舞伎町に立ち飲み業態の「築地銀だこ ハイボール酒場」を出店した。歌舞伎町は昔もいまも、若者が集まる街だ。口コミを中心にハイボールの評判が広がり、その人気は加速していった。

6月17日付け「日経MJ」に掲載された「ヒット商品番付」では、ハイボールが東前頭2枚目に食い込む。前年には、〝夢物語〟として語り合っていたことが現実となる。

角ハイボールが牽引《けんいん》し、ウイスキー市場は09年、前年比10・3％も伸びる。減税になった97年、翌98年などを除き、83年をピークにほぼ一貫して減り続けていたウイスキー消費が、増加へと転じたのである。

その後もウイスキーは伸び続け、13年は7％増で10万5500キロリットルと10万キロの大台を回復する。ハイボールのベース酒には角瓶に続きトリス、さらに白州などシングルモルトでの提案も実行していく。

「ウイスキーとは切り離して、ハイボールを新しい酒として飲んでいる若い人も多い。なかにはベースがウイスキーというのを意識しない人もいる」（サントリー幹部）。それでも、

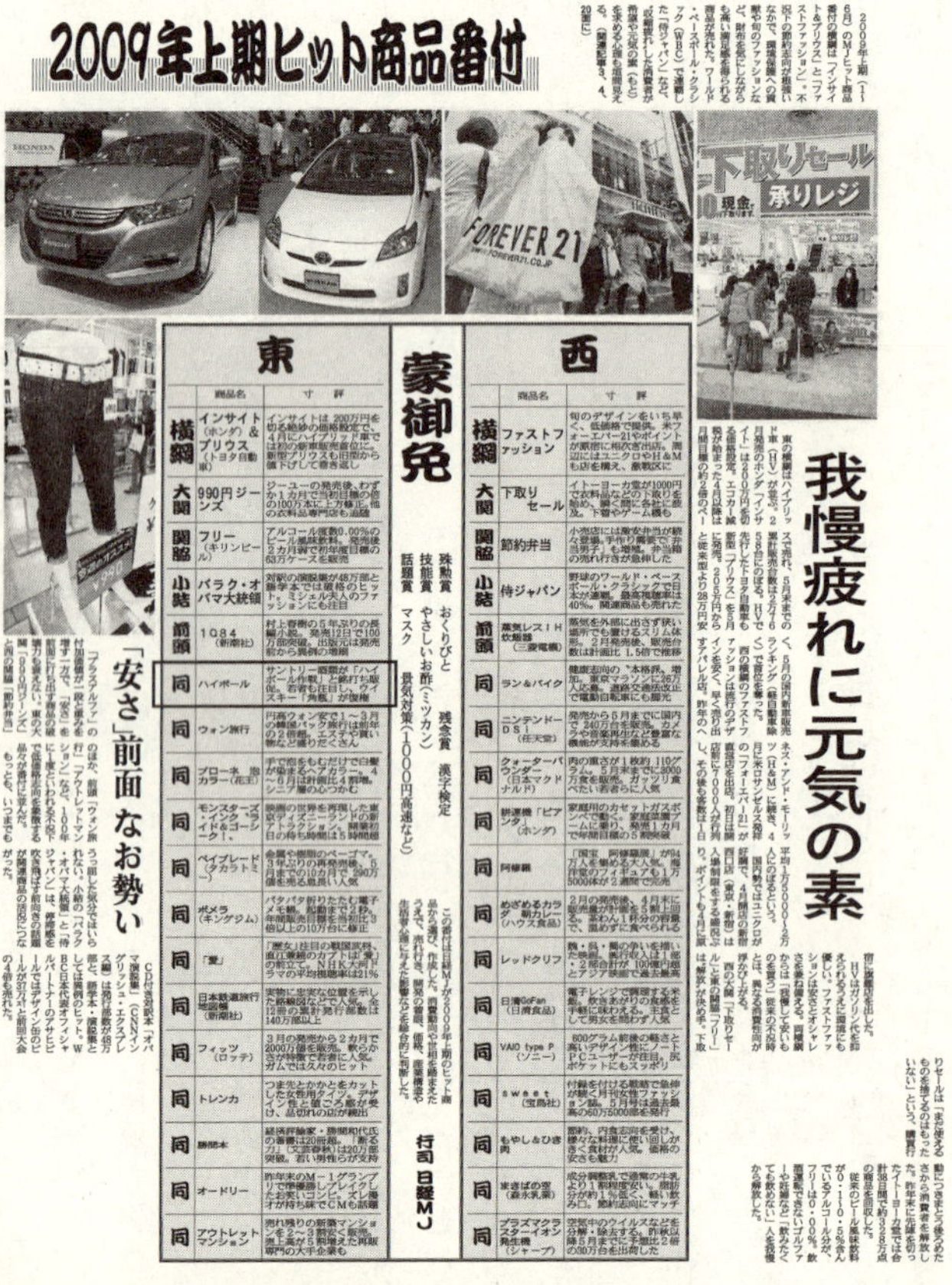

2009年上期ヒット商品番付

2009年上期（1〜6月）のMJヒット商品番付の横綱は「インサイト&プリウス」と「ファストファッション」。不況下の節約志向が根強いなかで、環境保護への貢献や旬のファッションなど、財布を気にしながらも高い満足感を得られる商品が売れた。ワールド・ベースボール・クラシック（WBC）で連覇した「侍ジャパン」など、"収縮疲れ"した消費者が希望や元気の素（もと）を求める心理も垣間見える。（関連記事3、4、20面に）

東

	商品名	寸評
横綱	インサイト（ホンダ）&プリウス（トヨタ自動車）	インサイトは200万円を切る絶妙の価格設定で、4月にハイブリッド車では初の新車販売首位に。新型プリウスも旧型から値下げして巻き返し
大関	990円ジーンズ	ジーユーの発売後、わずか1カ月で当初目標の倍の100万本に上方修正。他の衣料品専門店も追随
関脇	フリー（キリンビール）	アルコール度数0.00%のビール風味飲料。発売後2カ月弱で初年度目標の63万ケースを販売
小結	バラク・オバマ大統領	対訳の演説集が48万部と語学本では破格のヒット。ミシェル夫人のファッションにも注目
前頭	1Q84（新潮社）	村上春樹の5年ぶりの長編小説。発売12日で100万部突破。出版元は発売前から異例の増刷
同	ハイボール	サントリー酒類が「ハイボール作戦」と銘打ち販促。若者も注目し、ウイスキー「角瓶」が復権
同	ウォン旅行	円高ウォン安で1〜3月の韓国パック旅行は前年の2倍超。エステや買い物など盛りだくさん
同	ブローネ 泡カラー（花王）	手で泡をもむだけで白髪が染まるヘアカラー。4〜6月は計画比4割増。シニア層の心つかむ
同	モンスターズ・インク"ライド&ゴーシーク！"	映画の世界を再現した東京ディズニーランドの新アトラクション。開業初日の待ち時間は5時間超
同	ベイブレード（タカラトミー）	金属や樹脂のベーゴマ。3年ぶりの再発売後、5月までの10カ月で290万個を売る息長い人気
同	ポメラ（キングジム）	パタパタ折りたたむ電子メモ帳。起動まで2秒。年間販売目標を当初比3倍以上の10万台に修正
同	「愛」	「歴女」注目の戦国武将、直江兼続のカブトは「愛」の前立て。NHK大河ドラマの平均視聴率は21%
同	日本鉄道旅行地図帳（新潮社）	実物に忠実な位置を示した路線図などで人気。全12冊の累計発行部数は140万部以上
同	フィッツ（ロッテ）	3月の発売から2カ月で2000万個を販売。軟らかさが特徴で若者に人気。ガムでは久々のヒット
同	トレンカ	つま先とかかとをカットした女性用タイツ。デザイン性と値ごろ感が受け、品切れの店が続出
同	勝間本	経済評論家・勝間和代氏の著書は20冊超。「断る力」（文芸春秋）は20万部突破。若い男性らが支持
同	オードリー	昨年末のM−1グランプリで準優勝しブレイクしたお笑いコンビ。ズレ漫才が持ち味でCMも話題
同	アウトレットマンション	売れ残りの新築マンションを2〜3割安く販売。売上高が5割増えた再販専門の大手企業も

蒙御免

殊勲賞　おくりびと　残念賞　漢字検定
技能賞　やさしいお酢（ミツカン）
話題賞　マスク　景気対策（1000円高速など）

この番付は日経MJが2009年上期のヒット商品から選び、作成した。消費動向や世相を踏まえたうえで、売れ行き、開発の着眼、価格、産業構造や生活者心理に与えた影響などを総合的に判断した。

行司　日経MJ

西

	商品名	寸評
横綱	ファストファッション	旬のデザインをいち早く、低価格で提供。米フォーエバー21やポイントが原宿に相次ぎ出店。周辺にはユニクロやH&Mも店を構え、激戦区に
大関	下取りセール	イトーヨーカ堂が1000円で衣料品などの下取りを始め、瞬く間に各社に波及。下着やゲーム機も
関脇	節約弁当	小売店には激安弁当が続々登場。手作り需要で「弁当男子」も増殖。弁当箱の売れ行きが急伸した
小結	侍ジャパン	野球のワールド・ベースボール・クラシックで日本が連覇。最高視聴率は40%。関連商品も売れた
前頭	蒸気レスIH炊飯器（三菱電機）	蒸気を外部に出さず狭い場所でも置けるスリム体形。2月発売後、販売台数は計画比1.5倍で推移
同	ラン&バイク	健康志向の"本格派"増加。東京マラソンに26万人応募。道路交通法改正で電動自転車にも脚光
同	ニンテンドーDSi（任天堂）	発売から5月までに国内で240万台を販売。カメラや音楽再生など豊富な機能が支持を集める
同	クォーターパウンダー（日本マクドナルド）	肉の重さが1枚約110グラム。5月末までに3000万食を販売。ガッツリ食べたい若者らに人気
同	耕運機「ピアンタ」（ホンダ）	家庭用のカセットガスボンベで動く。家庭菜園ブームに乗り、発売1カ月で年間目標の5割突破
同	阿修羅	「国宝 阿修羅展」が94万人を集める大人気。海洋堂のフィギュアも1万5000体が2週間で完売
同	めざめるカラダ 朝カレー（ハウス食品）	2月の発売後、4月末に販売量が計画を5割上回る。茶わん1杯分の容量で、温めずに食べられる
同	レッドクリフ	魏・呉・蜀の争いを描いた映画。興行収入は1部・2部合計が100億円超とアジア映画で過去最高
同	日清GoFan（日清食品）	電子レンジで調理する米飯。炊きあがりの食感を手軽に味わえる。主食として男女を問わず人気
同	VAIO type P（ソニー）	600グラム前後の軽さと高いデザイン性にノートPCユーザーが注目。尻ポケットにもスッポリ
同	sweet（宝島社）	付録を付ける戦略で急伸が続く月刊女性ファッション誌。5月号は過去最高の60万5000部を発行
同	もやし&ひき肉	節約、内食志向を受け、様々な料理に使い回しがきく食材が人気。価格の安さも魅力
同	まきばの空（森永乳業）	成分調整乳で通常の牛乳より1割程度安い。脂肪分が約1%低く、軽い飲み口。節約志向にマッチ
同	プラズマクラスターイオン発生機（シャープ）	空気中のウイルスなどを分解・除去する。昨秋以降5月までに予想比2倍の30万台を出荷した

我慢疲れに元気の素

東の横綱はハイブリッド車（HV）が並ぶ。2月発売のホンダ「インサイト」は200万円を切る価格設定。エコカー減税が始まった4月以降は月間目標の約2倍のペースで売れ、5月末までの累計販売台数は2万7658台にのぼる。HVで先行したトヨタ自動車も新型「プリウス」を5月に発売。205万円からと従来型より28万円安く、5月の国内新車販売ランキング（軽自動車除く）で首位を奪った。

西の横綱のファストファッションは流行のデザインを安く、早く売り出すアパレル店。昨年のへネス・アンド・モーリッツ（H&M）に続き、4月に米ロサンゼルス発祥の「フォーエバー21」が直営店を出店。初日は開店前に7000人が行列し、その後も客数は1日平均1万5000〜2万人にのぼるという。

国内勢ではユニクロが好調で、4月開店の新宿西口店（東京・新宿）は入場制限をする盛況ぶり。ポイントも4月に原宿に旗艦店を出した。

HVはガソリン代を抑えられるうえに環境にも優しい。ファストファッションは安さとオシャレさを兼ね備える。両横綱からは「我慢して安いものを買う」従来の不況時とは、異なる消費性向が浮かび上がる。

西の大関「下取りセール」と東の関脇「フリー」は"解放"が決め手。下取りセールは「まだ使えるものを捨てるのはもったいない」という、購買行動につきまとう後ろめたさから消費者を解放した。昨年末に先陣を切ったイトーヨーカ堂では合計38日間で約328万点の商品を回収した。

従来のビール風味飲料が0・1〜0・5%含んでいるアルコール分が、フリーは0・00%。飲酒運転できないゴルファーや妊婦など「飲みたくても飲めない」人を我慢から解放した。

「安さ」前面 なお勢い

「プラスアルファ」の付加価値が一段と重みを増す一方で、「安さ」を前面に打ち出す商品の破壊力も衰えない。東の大関「990円ジーンズ」と西の関脇「節約弁当」のほか、前頭「ウォン旅行」「アウトレットマンション」など、100年に1度といわれる不況下で低価格志向を象徴する品々が番付に並んだ。

もっとも、いつまでもうっ屈した気分ではいられない。小結の「バラク・オバマ大統領」と「侍ジャパン」は、停滞感を吹き飛ばす前向きの話題が関連商品の活況につながった。

CD付き対訳本「オバマ演説集」（CNNイングリッシュ・エクスプレス編）は発行部数が48万部と、語学本・演説集としては異例のヒット。WBC日本代表オフィシャルパートナーのアサヒビールではデザイン缶のビールが37万ケースと前回大会の4倍も売れた。

2009年のヒット商品番付で、東前頭2枚目にハイボールがランクイン
出所：2009年6月17日付け日経MJ

角ハイボールがトリガーとなったのは間違いない。ニッカなどライバル社のウイスキーも、ハイボールで消費が伸びた。

奈良は「その後も〝踊り場〟があるなど、一本調子で伸びたわけではありません。とくに、83年のウイスキー出荷量（38万1100キロリットル）と比較すれば、（14年は）まだ3分の1弱。これからですよ。ただ、〝立ち飲み〟といった新しい業態に、カジュアルな酒としてハイボールが入り込めたのは大きかった」と話す。

ハイボールブームはなぜ広がったのか？

ウイスキーの販促策として、「ハイボール」の提案は、これまでも行っていた。なぜここにきて、ブームは広がったのか。

大学生の就職が売り手市場へと転じたのは、2004年か05年の就職戦線からだ。リーマンショックの直前、つまり08年夏当時は、「希望通りに就職が決まるためか、就職活動を安易に考える学生が増えてしまっている」（有力私大の社会科学系学部の教授）といった声があがっていたほど。

つまり、きちんと就職できている、表現を変えれば生活に余裕のある20代層が08年から

09年ごろには厚く形成されていたのだ。ある程度裕福な20代は変化を受け入れるし、むしろ変化を好む。それ以前にハイボールを仕掛けた1998年ごろ、2004年ごろの20代は、いずれも就職氷河期の最中で、生活にさえ窮していたのとは、大違いだった。

本来、社会変化の主導役である20代が豊かさを獲得し、彼らがハイボールを選択したのではないか。

もうひとつは、08年9月にリーマンショックが発生。中高年を中心に大多数のサラリーマンが「リーズナブルで良質な酒」として角ハイボールを選んだとも考えられる。若手は冒険心から新しい酒を選び、中高年は実利を求めて懐かしい酒を選んだ。

ビームサントリー プレジデント アジアの小泉は、14年秋に言った。

「シカゴでビーム社のエグゼクティブたちにハイボールを飲んでもらったところ、驚きをもたれた。〝新しい価値〟と捉えてもらえた。日本で起きたムーブメント、流行が、世界に伝播《でんぱ》できればと思う。正式には決まってないが、ハイボールを世界に広めていきたい。(広まる) 可能性は高いのだから」

ファッションが世界に伝わるように、酒の飲用スタイルが広がるなら、世界から日本への理解は深まっていく。

竹内は言う。

「サントリーの強さは、やってみなはれ。間違いありません。やってみたい人間がサントリーに集まる。

サントリーの弱さですか？ 僕が言うのは変ですけど、やり過ぎてしまうところ。ただしこれは、強さの裏返し。やっちゃいましたが、原動力となることもあるのです」

サントリースピリッツ執行役員スピリッツ事業部副事業部長（現在はサントリー食品インターナショナルグローバル次世代事業開発部部長）である阿部哲《さとる》は言う。

「強さはやってみなはれ。やってみるという意志をもった個人を、会社は大切にする。もちろん、スピードもある。

逆に弱さは、後追いが苦手なところでしょう。事業ですから二番煎じが必要な局面はあります。しかし、どこか独自で難しいモノにしてしまい、うまくいかないことは多い」

一方で製造の現場から、サントリースピリッツの小野武・白州蒸溜所工場長は話す。

「強さは継承と革新。受け継いでいくものと挑戦の両方があるのです。ただし、守らなければいけないモノが、伝統酒であるウイスキーにはある。マスターブレンダー（鳥井信吾副会長）がいて、オーナーが軸をぶらさないのです。ウイスキーが25年間低迷しても、軸をぶらさなかった。

弱さは、やんちゃなところ。強さでもあるが、失敗を恐れずにやりすぎることがある。強さとの裏表でもある。ただし、これからの時代、挑戦はより必要になります。つくり方や設備にしても、これでいいという終わりはありませんから」

さらにサントリースピリッツの明星嘉夫《みょうじょうよしお》ブレンダー室開発主幹主席ブレンダーは言う。

「サントリーの強さは、チャレンジ精神でしょう。弱さは、単純さ」

奈良は話す。

「サントリーの強さは、DNAである『やってみなはれ』。やってみなはれを、みんなが体現できる組織であり、各々の持ち場で発揮しています。営業現場では、サントリーは面白いことをやってくれると外から思われています。陣容が大きな宣伝部と連携し、私の立場でも世の中にはなかった面白い提案もできる。チャレンジするための会社です。今回のケースなら、タワーを水谷が認めてくれる、など他社にはないすごいところだと思います。角ハイボールは運にも恵まれましたが、やらないことには、運はついてきません。また、やらないと怒られます。

弱さですか、ひとつはややあきらめが早いことでしょうか。ウイスキーはとくに、長期的な視点が求められますし。

キリンさんは、ロジカルでクレバーですよね。サントリーは、泥臭くやってます」

竹内は、スピリッツ事業部輸入酒部で課長になった後、16年春ビームサントリーに異動した。米国に駐在し、グローバル化の最前線で日々奮闘している。奈良は角瓶のブランドマネージャーを務めた後、現在はサントリースピリッツ事業企画部課長になった。

第4話 営業の精鋭「キリン特殊部隊」の仕事術

キリンビール
マーケティング
広域販売推進支社

キリンの精鋭が集う日本橋・小網町

「先方の役員がサントリーを推しているのなら仕方ない、今回は下りよう……」

「待ってください部長！　現場はウチを推してくれています。このまま負けちゃうのなんて、私はイヤです。もう少しだけ、やらせてください」

「そうは言ってもなぁ……」

「お願いします。間合いをあけずに、日参を続けます。まだ、チャンスはあります！」

6月の湿った空気が、東京を覆っていた。午後のまったりとした時間帯だが、20代の内田愛は、部長の山本恭裕《やすひろ》を必死に説得していた。いや、説得ではない。自分の意思を表明していた、と表現したほうが正しい。「下りる」や「手を引く」という考えは、内田にはサラサラなかった。

江戸時代から商家が立ち並んだ日本橋小網町。この地にあるキリン日本橋ビルには、営業専門会社であるキリンビールマーケティングの広域販売推進第1支社と同第2支社が入る。営業の精鋭だけを集めて、上場する居酒屋チェーンなど業務用大手を専門に攻略する部門で、〝特殊部隊〟などとも呼ばれている。組織変更などもあり、現在は総勢で約40人が所属する。

業務用なので、売り込む商材は一番搾りである。

山本から「ここのプレゼンに参加するように」と、大手ブライダルチェーン本部への営業担当に内田が指名されたのは、２０１４年のゴールデンウィーク明け。

「自信がない」と瞬時に内田は思う。というのも、内田にとっては初めての大きな案件であったし、この会社についてもブライダル業界そのものについても何も知識をもっていなかったのだ。しかも、1週間後にはビール4社が大手ブライダル本社で、プレゼンをしなければならない。準備する時間はあまりに限られていた。

山本は第2支社営業1部の部長に、4月に着任したばかり。それまでは3年間、キリンヨーロッパにいた。担当を選任するまで、連休に入るまでの短い期間ではあったが「きめの細かさや、ファッションをはじめさり気ないセンスから、内田を選びました。彼女のゴールシーンを、僕はイメージできた」と山本。

球場のビール売りから、ビール会社の営業へ

内田は、共立女子大学文芸学部を卒業して2007年に入社。学生時代の4年間は、神宮球場内野席で、ビールの売り子のアルバイトをしていた。一番搾りが入ったタンクを背負い、観戦客にサーブして歩く。最初のころは夢中で何もわからず働いたが、3シーズン目からは客がビールを飲んで喜んでいるのを意識できるようになる。応援しているチームが負けている試合でも、みんな嬉しそうに飲んでくれた。「ビールには、人を幸せにする力がある」。こう考えてキリンに就職。仙台や札幌で地域の営業を経験し、13年春から千

葉の大手流通を担当。14年に会社の組織変更に伴い、〝特殊部隊の工作員〟となった。

ブライダル大手には、従前からサントリーが納入していた。プレゼンでは、そのサントリーと内田のキリンが残る。ただし、プレゼンには先方の役員はひとりも出席しなかったし、その後交渉できる相手のなかにも役員はいない。内田は、最初は担当者、次に課長、そして部長と接点を拡げていき、協賛金などの条件を提示してキリンと取引するメリットを説明し、新たな企画提案をくり出していく。この時点で、内田は勝負に出ていた。

サントリーのプレゼン内容はわからないし、どういう条件を示したのかも知らない。ただし、部長までの現場サイドは、内田を支持してくれた。「キリンさんに切り替えたいと、我々は思っている。役員会にもそう伝える」と部長は言ってくれた。

だが、役員会の決定は「サントリー継続」だった。

信じられない思いで、内田は上司の山本に結果を報告した。再びブライダル会社に向かうため日本橋ビルを出る。6月の空を見上げ、そして思った。

「サントリーはたしかに強い。ザ・プレミアム・モルツは、値段が高い高級ビールなのに売れ続けている。でも、私は負けない！」

一番搾り注力の理由とは

1960年代の高度成長期、冷蔵庫の普及に伴い家庭向けにシフトして大きくシェアを伸ばしたキリン。70年代には6割のシェアを占めるが、飲食店の業務用はどうしても弱かった。

しかも、かつては免許制により約15万軒の酒販店でしか、家庭用の酒を販売していなかった。酒販店の配達人が、軽トラックに瓶ビールが20本入ったプラスチックケースを積んで直接届けていたのだ。ちょうど、漫画「サザエさん」に登場する三河屋のサブちゃんのような具合である。

90年代から2000年代になると、規制緩和により酒販免許そのものがなくなっていった。ダイエーなど大手スーパーは1994年ごろから缶ビールの安売りを仕掛けていく。93年にはスズキ・ワゴンRが、94年にはホンダのミニバンのオデッセイがヒットする。ヒットの要因は、主婦が車で大型スーパーに赴き、ほかの食材と一緒に缶ビールを段ボールケース（350ミリリットル缶が24本）でまとめ買いするのに、荷台の広い車が選ばれたからだった。

ライフスタイルが変わり、瓶のラガーから缶のスーパードライへとNo.1ブランドは変わっていった。「いまは、飲食店にビールなど酒類を供給している酒販店しか残っていません。一般の酒販店はコンビニに変わるか、廃業しました」と小西敏雄キリンビールマーケティング営業部料飲担当主査は言う。

それでも、伝統的に家庭用に強いキリンは、発泡酒と第3のビールとでトップをとり続け、2009年には年間首位を奪還する。

「しかし10年には2位に落ちてしまった。いけないのは、落ちたのに社内に反省もなければ、悔しさもなかったこと。『シェアよりも利益だ』とする半分言い訳のような言葉が大手を振って、厭世《えんせい》観のようなものが漂っていました。評論家ばかりで、これでは勝てない」（キリンのある若手社員）

内田は「10年は、№1を継続しようとする意志が社内にはなかった、と思いました。だからこそ、一番搾りに注力しようとする（14年の）会社の方針決定に沿って、私たち現場は頑張りたいと思ったんです」と話す。

居酒屋などの飲食店は、消費者がふだん飲まない銘柄を飲む場所だ。日ごろは家庭で他社のビールや、第3のビールを飲んでいても、お店で一番搾りに接することで、家で飲むブランドを変える人もいる。

キリンビール社長だった磯崎（15年からキリンHD社長）は14年4月に筆者の取材に対

し、「これまでラガーと一番搾りと、ビールには2つブランドがあったが、今年から一番搾りに集中させる戦略とした。(キリンビール社長になった)2年前から、注力するなら一番搾りと決めていた」と話していた。

一番搾りをコアとするビール強化策への転換の背景には、増税の動きがある。

キリンが強みをもつ家庭用の発泡酒と第3のビールは酒税が低い。350ミリリットル缶で比較すると、ビールは77円、発泡酒は46円99銭、第3のビールは28円だ(17年1月現在)。前回の06年の税制改正では、350ミリリットル缶でビールは70銭減税され、発泡酒はそのまま、第3のビールは3円80銭増税された。

財務省は、ビール類の3つ、および缶チューハイなどのRTD(第3と税率は同じ)も含め発泡性低アルコール飲料の税率差を、段階的に縮小する考えをもっている。ビール類ならば、ビールは下げ、第3は上げるという方向だ。16年年末に発表された17年度税制改正の大綱では、税額を統一するスケジュールも発表された。20年10月、23年10月、26年10月と3段階の増減税により、ビール類は350ミリリットルあたり54円25銭に一本化させる。現在とくらべ、ビールは22円75銭減税される一方、発泡酒は7円26銭、第3のビールは26円25銭の増税になる。

また、ＲＴＤは現在の３５０ミリリットルあたり28円をこのまま約10年間維持し、26年10月に７円増税されて35円となる。統一されるビール類とくらべ、19円25銭も安い。

14年時点でアサヒはビール類のうちビールの比率が約76％と高く、サントリーは約51％、キリンは約45％と低かった。税制改正が実行されてしまうと、キリンは不利になる。

「税制改正の動きを予想しながら、ビールを、すなわち一番搾りを強化した」と布施孝之キリンビールマーケティング社長（15年からキリンビール社長）は言った。

「組織力のキリン」の本領発揮

内田の所属する〝特殊部隊〟は１９９９年に発足した。初代の指揮官は、80年代にＤＯＭＡ店長を務めた真柳亮。部隊のリーダーは、「トレンディ島田」こと島田新一だった。２００２年開業の丸ビルをはじめ、六本木ヒルズ、新丸ビルなど再開発ビルの制圧に動く一方、大手チェーンなど飲食店の攻略を狙った。

アサヒやサントリーも同様の精鋭部隊を組織して対抗。とくにアサヒとのあいだでは、１９９０年代後半に、飲食店の営業をめぐり熾烈な協賛金合戦が勃発した。協賛金とは、メーカーが飲食店に支払う金銭を指す。提供する生ビールの銘柄を店が切り替えたときに、切り替えた先のビール会社から支払われる。名目はビールサーバーやロゴ入りジョッキを入れ替えるため、といったもの。対象が大手チェーンともなると、巨額の協賛金が飛び交う。

小西は、「メーカーの協賛金が、飲食店の経営を脆弱にさせた部分もあったと思います。いまも協賛金はあります。しかし、もっと、キリンだからできる価値の提供はあるのです」と話す。

島田は新丸ビルの飲食店街そのものをプロデュースしたのをはじめ、有名店のコンセプトをつくったり、デザインを手掛けたりして知られるようになる。

「ニューヨークではいま……」と始まる彼の言葉を、社内だけではなく飲食店業界の人たちはみな聴きたがった。現実に島田は、頻繁にアメリカなど海外に渡航しては最先端の店舗や施設を見てまわり、現地の関係者とも接していた。

「キリンの強みは、技術力があることです。弱みは、慎重すぎることです。そして、サントリーとキリンにはスターがいます。この点は共通している。逆にアサヒは、スターをつくらない」と島田は言う。

特殊部隊の精鋭のなかにはそんな島田を、攻略を目指す外食大手の社長に引き合わせる向きもあった。小西もそのひとりで、「営業の勝ちパターンのなかに、必ず島田さんを登場させました。先方の社長や役員はみな大喜びしますから。島田さんのような存在があるのは、キリンだけではないでしょうか」と話す。

さらに、社内外のコンサルタントや同じく社員教育の講師を紹介するなど、外食企業への営業方法をキリンは開発していった。

小西は言う。「キリンの強さは組織力」

だが、綺麗事や協賛金、あるいは人間関係だけで、あらゆる営業が成功するわけではない。特殊部隊のひとりは、どうしても落とせない外食企業の社長を、なんとか接待に持ち込む。「キリンさんとは取引しないよ」という社長を、食事の後、港が美しく見える公園に誘うと言った。「どうしても社長に会いたいという女性があちらにいます。ほら、バラの花束を持って立っている、髪の長い、あの子ですよ」

歩を進めた社長は、女性が誰なのか確認できた。「今日は社長さんのために、ここで待っていました」。外食の社長は、言葉が出なかった。彼女が、あまりに大物の女優であったから。霧笛が遠くで響き、花束を受けた。数日して、取引をするとの連絡が入る。

「精鋭」は、ひたむきさと情熱で生まれる

一番搾りに注力を決めるやいなや、キリンは取引があった大手居酒屋チェーンをサントリーに奪取されていた。それだけに、特殊部隊には失地を挽回したい気持ちが強かった。内田は、大手ブライダルの部長らに、「役員に会わせてください」と何度も頭を下げる。しかし、それは叶わない。部長たちには、「キリンと取引することで、三菱グループの企業に対してブライダルビジネスの売りこみができます」など、ベネフィットを説明してまわった。部長以下、現場はみなキリンの価値を認めてくれていた。が、このままではサントリーが継続される。もう万策尽きた状態だったが、上司の山本は内田に言った。

「サントリーと同じことをやったら負ける。クリエイティブに攻めろ。いままでのキリンのやり方に、こだわってはいけない」と。

もちろん、内田は諦めてはいなかった。

土日を利用して、大手ブライダルの8人いる役員全員に向け、それぞれ直筆で手紙を書いたのだ。文面はそれぞれに変えた。だが、内容は一緒だ。商品の価値、キリンと取引するベネフィット、結婚式場を利用するお客様を一緒に喜ばせていきたい、といったことをペンで綴る。

「本が大好き」という理由で文芸学部に入った内田は文章を書くのが好きで、もうひとつ、ペン習字を得意としていた。それでも8通の書簡を書き上げるだけで何時間も要した。6月に発売されたばかりの「一番搾り プレミアム」を各1ケース添えて、8人それぞれに送付する。さらに、ちょうど誕生日を迎えていたトップには、別便で花束を贈った。

ほどなくして、先方の窓口だった担当者から連絡が入る。

「送っていただいたビールに切り替えたいと、上が申しています」、と。

「あれは、ギフト専用の缶ビールです。しかも期間限定です。業務用では使えません。一番搾りで、お願いしたいのですが」

梅雨が明けるころ、内田のもとに、一番搾りに切り替えると正式に連絡が入る。

後半のアディショナルタイムに挙げた、奇跡の逆転ゴールだった。

山本は「内田が自分の思いを伝え続けたのが、勝因だ。パッションを切らさなかったのもよかった」と、内田に握手を求めた。

内田はその後も、ブライダル会社に定期的に通う。神宮球場のビールの売り子と同じようなタンクをスタッフが背負い、披露宴で招待客にサーブしてまわったら、などとユニークな提案も行った。営業活動で本当に重要なのは、派手な攻略よりも防衛だからだ。サントリーなどライバルは、間違いなく攻め込んでくる。どんな攻撃を受けても、獲得した顧客との取引を守り抜かなければならない。

小西と同じ料飲担当主査の前川朝樹は、サントリーについて「個々の力が強い」と評価するが、別の営業幹部は「サントリーには、キリンと同様に営業部門にスターがいる一方、多くの現場営業は目標達成に対するプレッシャーが大きく、焦りが出ているように見える」と話す。

山本は言う。

「キリンの強さは、まじめで組織力がある、ということでしょうか。それでいて、島田さんのように天下ご免で自由に動いている人がいることも、強さでしょう。第2、第3の島田も育ってきています。

弱さは、真面目すぎることです。それでも最近はスピードも出てきたし、海外出張にしてもすぐに許されるなど、柔軟に動けるようになってきましたけど。

サントリーですか？ 佐治会長が統合計画の浮上したときに話していた、『（キリンと）一緒になり国内を盤石にして海外に打って出る』。このビジョンは個人的には、その通りだと思いました。（サントリーは）手強いし、若い人が元気な会社という印象です」

内田は言う。

「キリンの強さは、一人ひとりが真面目で、誠実なことです。弱さは、抜け出そうとする人が少ないことだと思います。島田さんのように、型にはまらない人がキリンに必要です。サントリーの『やってみなはれ』は、個人的に好きな言葉です。あの精神はいい。会社は違うけれど、私も頑張って、何でもやっていきます！　もちろん、現場では負けません」

第5話

ヒットする緑茶のつくり方

サントリーBF
ブランド戦略部

"無謀"な目標を軽々突破、「伊右衛門 特茶」

「これは、いけるかもしれない……」

塚田英次郎は、ごく自然にこう思った。

これまで、プレーヤーとしても、いまと同じく監督としても、数えきれぬほどの清涼飲料の新製品開発に関わってきた。成功もあるが、それ以上に多くの失敗も経験した。だが、発売を前に、こう思えたのは初めてだった。

2013年10月1日に、特定保健用食品（トクホ）「伊右衛門 特茶」は予定通り発売される。その、数週間前のことだった。外部に出した販売目標は、12月末までの年内100万箱。これ自体も大きな数字だったが、会社から求められた数字は220万箱とさらに大

脂肪の「分解」に注目したトクホの「伊右衛門 特茶」

きかったのだ。

「無理に決まってる……」

言葉にはしなかったが、塚田を含めみながそう思った。清涼飲料は、〝センミツ〟の世界。ヒットの確率が少ない厳しさを、みな知っていた。

だが、塚田は手応えのようなものを感じ、気がつけばそのまま口にしてしまう。

「塚田さん、どうしたんですか？」

部下の女性スタッフが気づき、やや呆れたように微笑んだ。

塚田は日ごろから、「自分たちのロジックになると、失敗する。視野が狭くなるからだ。独りよがりの思い込みを排除し、いつもお客様を見ろ」と、淡々と話していた。「いけるかもしれない」などというのは、自分たちのロジックだった。

「あらゆる準備をして、やれるだけのことはやったと、冷静に僕が思えたからでした」

こう話す塚田は、サントリー食品インターナショナル（サントリーＢＦ）の食品事業本部ブランド戦略部課長という立場にあった。

結果を先に示すと、「伊右衛門 特茶」は、13年12月までに300万箱が売れる。さらに、翌14年は年間800万箱の目標で始まったが、好調のまま推移し、8月に1000万箱に上方修正している。当初予定を上回る大ヒットとなった。

失敗も出世につながるサントリー

そもそも「特茶」は、特定保健用食品（トクホ）である。トクホとは、健康維持や増進など特定の保健効果を厚生労働省が認めた食品を指す。特茶はトクホとして初めて、脂肪の「分解」というメカニズムに着目した、「体脂肪を減らす」のを助けるペット飲料だ。03年発売で同じくトクホの花王「ヘルシア緑茶」は脂質を「燃やす」と訴えてヒットしたが、特茶は「分解」して「燃焼」するとしている。

参考までに、14年10月下旬にさいたま市内の大手コンビニで購入したところ、店頭価格（消費税込み）は次の通りだった。

「特茶」500ミリリットルは183円、「ヘルシア緑茶」350ミリリットルは194円、サントリー「黒烏龍茶」とサントリー「胡麻麦茶」はともに350ミリリットルで173

円、さらに通常の「伊右衛門」550ミリリットルは131円（20円の値引き有）。

価格が高いのに売れているため、「どのチャネルでも値崩れしていない。なので、流通から喜ばれています。売れた要因は、いくつもあると思いますけど」。

こう話す塚田は1998年、サントリーに入社。食品事業部に配属されて、5年間商品開発に従事する。99年のフルーツ飲料「ごめんね。」をはじめ、2000年の機能性飲料「DAKARA」、02年の果物の繊維が入った果実飲料「Gokuri」など、ヒットを連発する。03年からアメリカのスタンフォード大学に留学しMBA（経営修士号）を取得。帰国後も、一貫して清涼飲料の開発現場に携わる。

収益の大半をウイスキーが占めていたサントリーは、1980年代前半から事業構造改革に着手していく。多角化の柱は清涼飲料だった。

そんな80年代に、実はサントリーの清涼飲料ビジネスにはビッグチャレンジがあった。そのチャレンジ精神は、その後に入社した塚田らはもちろん、現在の若手にも伝え続けられている。

炭酸飲料「SaSuKe（サスケ）」が発売されたのは84年。250ミリリットル缶と300ミリリットル瓶とがあり、色はコーラと同じ黒褐色。

サスケは、世界のコカ・コーラに対抗するために開発された。

創業者の鳥井信治郎が、「断じて舶来を要せず サントリーウヰスキー」(白札発売時の1929年の新聞広告)とばかりに世界のスコッチに対抗したのにも、どこか通じていた。日本の炭酸飲料市場で圧倒的なシェアをもつコカ・コーラに、取って代わるのを目的とした開発商品だったのだ。

サスケのキャッチコピーは「コーラの前を横切る奴。冒険活劇飲料サスケ」。得意の宣伝広告には力を入れる。

CMディレクターは川崎徹、コピーライターに糸井重里、アートディレクターに横尾忠則、音楽は坂本龍一と、宣伝界における当時のオールスターを惜しげもなく起用した。そのCMだが、少女忍者役の仙道敦子が怪獣と戦ったり走ったりする一方、警官や牧師風の外人が電話をかけたりする内容。

サントリーの幹部が解説する。

「大掛かりな広告を打ち、最初はかなり売れました。ところがパタッと売れなくなる。リピートがないためでしたが、なぜ1回しか買わないのかユーザー調査をした。すると、一番多かった回答は、『まずいから』でした。斬新すぎたのです」

CMには「リン酸、カフェインは無添加です」と入る。コーラなどの炭酸飲料に含まれるリン酸は、「骨を弱くするため成長期の子どもにはよくない」といった風潮も当時はあった。サスケは健康志向を切り口に、コカ・コーラ支配の構造を破壊しようと目論んだ。仮に成功したなら、サントリーのいまは別の形になっていたのかもしれない。

結果は惨敗だった。しかし、大きな挑戦をした開発者は高く評価される。

開発者の名前は小郷《こごう》三朗。16年3月、サントリーBFの副社長から社長に昇格した。

「他の会社なら小郷さんは左遷ですが、サントリーでは出世する。だから、続く者たちは新しいことに挑んでいける。サスケは負けましたが、サスケの失敗は多くの知見を会社にもたらしました。成功だけではなく失敗からこそ、個人も会社も学ぶことができる」（サントリー幹部）

小郷は社長就任が決まった後、次のように話した。

「サスケは、キャッチコピーだった『コーラの前を横切る奴』の通り、（当時、国内シェアが約3割だった）コカ・コーラの前を横切るだけで本当に終わってしまった。しかし、次は背後からポンポンと肩を叩いて、言うつもりです。『やっと、捕まえましたよ』、と」

負けながらも強くなれるのは、サントリーの特性だろう。

ただし、サントリー食品インターナショナルとして13年7月に東証1部に上場してからは、「新製品開発においても、より説明責任が求められるようになりました」と塚田は言う。

上場する前は、現場で面白そうなプランが生まれると、「やってみなはれ」とそのまま認められて、すぐに実行に移っていた。

これに対しいまは、「なぜこれをやるのかを、手続きを踏んで経営陣に対して、きちんと説明しなければならなくなったのです。経営陣から認められて初めて、実行に移っていく。新製品開発をはじめ、やっていくのは大変になっています。ただし、新しいことに挑戦するのは、当社の最大の特徴。挑戦を忘れたら、つまらないモノしか生まれなくなってしまいます。現場でのワイガヤ感、みんなが楽しんでやっていく風土を維持したい」と塚田。

サスケのような挑戦は、以前より難しくなっていくのかもしれない。前出の幹部は「上場して会社も大きくなり、官僚化していくのは仕方のないこと。でないと、空中分解してしまいます。だからこそ、逆に『やってみなはれ』のDNAを、伝えていかなければなりません」と指摘する。

パブリックカンパニーへと変貌したなかでも、メーカーである以上は生み出す商品でしか進化できないし、価値を高められない。

既存の延長線上の商品ばかりなら消費者から飽きられるし、コーラ支配の構造を変えようとする商品であっても、まったく売れなければ市場からは見放されてしまう。もちろん

〝センミツ〟の環境で、ヒットを放たなければならない。

〝センミツ〟の世界で戦う

特茶は、2007年に脂肪分解酵素を活性化させるケルセチンを研究者が発見したことから開発が始まる。「サントリーは医薬をやっていたため、基礎研究に優秀な技術者がたくさんいるのです」と塚田。

03年には花王が、体脂肪を気にする人向けの特保飲料「ヘルシア緑茶」を発売。トクホ飲料の市場が広がる契機となった。

サントリーが伊右衛門を発売したのは04年3月。すぐに緑茶の主力となる。発売会見で、当時は食品事業のトップにいた内藤俊一・現サントリーHD副社長が「博打をしているようだ」と筆者に話したのを覚えている。内藤はもともと人事部出身。センミツのトップになっての素直な感想だったろう。サントリーはそれまで、天然水やウーロン茶、缶コーヒー「BOSS」に支えられていたが、緑茶にはヒットがなく柱が育っていなかったのだ。

『なぜ、伊右衛門は売れたのか。』（峰如之介《なおのすけ》著、日本経済新聞出版社）によれば、〈発売四日目で出荷中止に追い込まれ（中略）年間5000万ケースを販売するビッグブランドに成長している〉とある。

ちなみに、伊右衛門はペット茶では業界2位。1位は伊藤園の「お～いお茶」だ。

塚田が伊右衛門チームに入ったのは12年4月。この前後に伊右衛門は、日本コカ・コーラの「綾鷹《あやたか》」から強烈な追い上げを受けていた。このため、塚田は伊右衛門ブランドの強化を託されたのだ。選手ではなく、監督としてである。

塚田は3つのことを同時並行して進めなければならなかった。

ひとつは、12年10月に計画していた既存の伊右衛門の〝リバイタライズ〟。リバイタライズとは、サントリーのなかで大規模なリニューアルを指す。ちょうど同じ時期にザ・プレミアム・モルツがリニューアルするのにあたり、「リバイタライズ」という言葉を使った。もともと好調だったがこのリニューアルでさらに成功し、これに影響されて伊右衛門でもリバイタライズという言葉が使われた。

2つ目は、翌13年3月に計画していた「香り茶葉」を低温で淹れた「贅沢《ぜいたく》冷茶」の発売。

そして3つ目が、13年10月発売の「特茶」だった。

「特茶」と「プリウス」の共通点

「特茶は、（3代目）プリウスと一緒。未来から来た車のプリウスに対し、未来から来たお茶なんだ」

塚田は訴えた。チームはコンセプトメイクに余念がなかった。

トヨタ自動車の3代目プリウスは09年5月18日に国内発売され、この年に国内で一番売れた車種となる。ちなみに同じ日に、日本コカ・コーラからミネラルウォーター「い・ろ・は・す」が発売されてヒットする。「エコ」をテーマとして初めて売れた一般向け商品がプリウスであり、「い・ろ・は・す」だったとも言えるだろう（ハイブリッド車プリウスは燃費性能が当時は最も優れていたし、「い・ろ・は・す」は登山などの際、ボトルを潰して小さくして持ち帰れた）。

特茶は健康をテーマに、未来という視点でプリウスにコンセプトを重ねていった。

「花王さんのヘルシアやウチの胡麻麦茶は、健康のためふだんの食費に加えて170円とか190円を払わなければならない。昼に弁当を食べるときには、ついでに500ミリのペット茶を買うだろう。500ミリペットの特茶なら、両立できる」

「だから、トクホであっても、おいしくなければならない。苦いトクホとは違う」
「これをどう、消費者に伝えていけばいいのか」
「ヘルシアの燃焼に対し、これは分解でいく。分解しないと体脂肪は減らない。ただし、分解すれば燃焼しやすくなると、きちんと伝えよう」

チームは話し合いを重ねコンセプトをつくり、不安要素を潰していった。どれだけ潰せるかで、完成度は高くなる。チーム監督の塚田は、チームが「自分たちのロジック」に陥らないよう、注意深く舵取りをしていく。

とくに価格をどうするかは、重要だった。高すぎては買ってもらえないが、逆に安すぎても採算がとれないし、価値の低いものとみなされて手にとってもらえない恐れもある。

「伊右衛門よりもどのくらい高い水準なら、許容してもらえるのか……」

チャネルにもよるが、希望小売価格は伊右衛門より30円高い170円と、決まっていく。

一方で、営業部隊に対しては安く売らないように徹底していく必要があった。キャンペーンなどで一度でも安売りの渦に陥ったなら、ブランド価値を引き上げるのは容易ではなくなる。

「営業にとっても、流通にとってもプラスになります」と塚田は説明してまわる。

プレッシャーを乗り越えて、特茶は数字を叩き出した。

塚田は、「ふつうに考えれば、伝統をコンセプトとした伊右衛門に、トクホはそぐわない。しかし、常識に縛られると保守的になり、新しい価値は生めなくなります。今回は、同じチームが3度プロジェクトをやったわけですが、3度目の特茶ではチーム状態が最高によかった。チーム力の勝利でした」と話す。


さて、その塚田は言う。

「サントリーは消費者を見る力、消費者の本音を捉える力が、競合他社にくらべ強いと思います。また、デザインを外注するのではなく、デザイン部が社内にあるのも強み。僕らが転勤しても、彼らは一貫して市場を見続けているから。R&D（研究開発）も、医薬をやっていたことが特茶に生かされたわけで、特徴であり強みです。これらを僕らがまとめて、チーム戦で戦っていくので、総合力はあると思います。

一方で、ライバル（コカ・コーラ）はあまりに強い。マーケティングでも技術でも、有効な情報を世界規模で共用できています。グローバルな規模感がすごいです。サントリーの弱さというより、相対的にライバルが本当に強い。ブランド戦略、そしてデザインでこちらの優位性を発揮していければと思います。

塚田はいま、サントリー食品インターナショナルのグローバル次世代事業開発部課長となった。

第6話

こだわりが生んだ「ソルティライチ」

キリンビバレッジ
マーケティング部

開発は、タイの農家から始まった

11月のタイ・チェンマイは、バンコクとくらべると気温は低く過ごしやすい。いや、むしろ肌寒い日もあり、夜の外出にはジャケットが必要なくらいだ。

2010年11月、鈴木栄富《えいとみ》たちは農家の台所にいた。

「夏の暑い日には、塩の量を増やすのよ。そのほうが、果物は甘くなるから……」

60代前半のお母さんは、日本から来た〝娘たち〟に喜喜として教えていた。まるで息子

「ソルティライチ」（右）と、ホットの「あったか〜いソルティライチ」（左）

の嫁たちに、家の味を伝授するように。輪のなかには鈴木もいたが、鈴木以外の日本人は3人とも女性だった。

3人の日本人女性は、キリンの技術者、ともに仕事をする外部デザイナー、同じくカメラマン。しかも、現地人通訳も女性で、みな20代と30代ばかり。お母さんには、はるばる日本からやってきた若い女性たちに、「チェンマイの家庭料理を教えたい」という気持ちが滲《にじ》んでいた。

「私の知り合いの家にも、行ってみるといいわ。あの家のローイゲーオは、ちょっと変わっているから。いま電話を入れるから、私の紹介と言いなさい……」

さながら人気番組「突撃！　隣の晩ごはん」のように、鈴木たちはタイの一般家庭を何軒もまわった。

「ローイゲーオ」とは、下味をつけたイチゴなど旬の果物にシロップをかけ、氷で冷やすタイの伝統的なデザートだ。ローイは「浮かぶ」、ゲーオは「器」を意味する。

鈴木たちは、夕刻まで各家庭を訪問し、それぞれのローイゲーオのレシピを学んだ。畳ではないが、韓国や日本と一緒で、タイの家では靴を脱いで上がる。台所での講義のあとには、ちゃぶ台に似た低いテーブルを囲み、ローイゲーオを食べたり、お母さんから話を聞いた。

夜になると、ホテルのレストランでミーティングだ。シンハービールを飲みながら。「素敵なモノだけをつくりたい」「日本でもスイカに塩をふって食べますよね。たしかに甘くなる」「誰も知らないローイゲーオの魅力をどう伝えるかが、商品にしたときのポイントでしょう」「お母さんに、あんなに親切にしてもらえた。日本の田舎でも同じでしょうか」……。

合宿で生まれた、「世界のKitchenから」

鈴木は、キリンビバレッジの商品開発者である。正確には、キリンビールからの出向者だ。

2002年に名古屋大学教育学部を卒業して、キリンビールに入社。

前年の就職活動時には業界1位だったキリンだが、01年に48年ぶりの業界首位交代があった。このため、鈴木の入社時にはキリンはアサヒに次ぐ2位メーカーに後退していた。「2位になって最初の新入社員が、我々です」と鈴木は笑う。

事務系で入った同期は25人。バブル期には事務系だけで200人も採用した年もあるというから、鈴木たちは就職氷河期を勝ち抜いて大手企業に入社した者たちだった。

入社後配属されたのは、業務店の営業部門。やがて、当時扱っていたシーバスリーガルやジムビームといったウイスキー営業の専門部隊に入る。東京・六本木のカフェやクラブなど、若者が集まるお洒落なお店を対象に、新規に売り込んでいくのが仕事だった。

売り込み先に合わせるため、「夜の10時過ぎから、営業が始まることも多くありました。スピリッツはウオッカやラムなどホワイトリカー（無色透明な蒸溜酒）ばかりで、ブラウンリカーのウイスキーに人気はなかった。このため、ジュースで割るなど低アルコールにする提案を、お店にしていました」と振り返る。

教育学部では消費者心理などを専攻しており、「新商品を開発したい」という思いからキリンに入った。07年に社内公募で「ビバレッジの商品開発者募集」があり、鈴木は迷わず手を挙げる。何人が手を挙げたのかはわからないが、鈴木は採用されて08年3月に赴任した。

部長は江部《えべ》るみ子。江部は20代にして、キリンの誇る大ヒット商品「午後の紅茶」（発売は1986年)を開発。伝説をもつ女性だった。

どんな仕事が待っているのか、鈴木にはわからなかった。そんな鈴木に江部は、「『世界のKitchenから』をやってほしい」と言った。

開発チームにいたのは女性ばかり。

部長の江部は言った。

「営業視点と、男性視点とを商品開発に生かしてほしい」と。

もともと「世界のKitchenから」は、江部の前任部長だった佐藤章が、キリンビールに戻る前に手掛けた最後の作品だった。文字通り、世界各地の家庭料理を清涼飲料に落とし込んだもの。部員はまず、現地に飛んで実際に家庭を訪問する。そこで、その地の生活に息づく食文化の魅力、伝統、素材、調理方法などを切り取って、日本人向けの商品にしていく。

2005年春のマーケティング合宿にて、夜中にみんなで飲んでいたときにある女性社員が発案し、佐藤が、「それは面白い、ぜひやれ」と賛同したのが発端だった。

宣伝予算をふんだんに使えるわけではなかったが、開発期間の縛りは緩く、さらに「江部さんから、あまりうるさく言われない」(鈴木)そうだ。商品開発者の自由度が高く、思い入れを深く投影できるのが特徴だろう。

人気ブランドの意外な弱点

最初の商品は、07年5月発売の「ピール漬けハチミツレモン」。南イタリアのリモンチェッロ（レモンの酒）をヒントに開発した。リモンチェッロは、レモンピール（皮）の黄色い部分だけをアルコールに漬け込み、砂糖水と混ぜて冷蔵した一種のリキュール。

それから、商品はいくつかポツポツと出て話題にはなったが、大ヒットはなかった。

缶コーヒー、コーラ、緑茶飲料などという既存のカテゴリーを横断しているのも、「世界のKitchenから」のユニークな点だった。

カテゴリー横断には、メリットとデメリットがある。メリットは斬新で付加価値の高い商品をつくり続けられる点だろう。仮にひとつが失敗しても、全体が潰れることはない。

一方デメリットは、「世界のKitchenから」というブランドアイデンティティーが希薄なこと。たとえば、限られたスペースしかないコンビニの冷蔵ショーケースにおいては、ブランドでまとめて並べてはもらえず、分散して置かれてしまう。

鈴木が「ソルティライチ」の企画をスタートさせたのは、09年の秋から。情報雑誌やネットからタイのデザート「ローイゲーオ」を知る。

ちょうどこの前後、旅好きの鈴木はプライベートで台湾を旅行した。台北のホテルの朝食に、たまたま生のライチが出る。

食してみると、「瑞々しく濃厚で、甘酸っぱい。こんな果物が世界にあるのかと思ったんです」と鈴木。日本でも、中華料理店などで冷凍ライチなら何度も食べた。が、生食は口に含んだときの、果肉の弾力が違っていた。

ライチをローイゲーオと組み合わせることを、鈴木は企画する。ライチを使ったリキュールに「DITA」はあるが、日本ではそもそもライチのなじみが薄い。認知度も低い。

それでも、ネットで調査をかけると女性では9割以上が「ライチを好き」と回答した。

「食べた食感が、白ぶどうに近い感じがしませんか」と、社内の女性スタッフは言った。

「これでやってみよう！」

「売る」よりも「こだわれ」

タイでは5泊6日で調査をする。チェンマイに4泊、最終日はバンコクの「ローイゲーオ」を販売する専門店を訪ねる。

帰国後、女性技術者は中身の開発に没頭する。

鈴木は、「原料選びをはじめ、こだわりが大切だ」と自分にもメンバーにも言い聞かせた。一担当者であっても、商品化にあたっては鈴木が決定権をもっていた。塩はこだわりから沖縄海塩の採用を決める。

商品化が決まると、工場からは「精密な生産計画を立て、またコストをきちんと管理したい。いまどうなっている」と、細かな情報開示を求められた。

だが、コスト優先とは真逆をいく商品だった。「コストより自由な発想が大切でした。社内で、いかに味方をつくっていくかもポイントでした」

上司の江部は何も言わない。「責任は自分が取る。自由にやっていい」と、背中が訴えているように鈴木には思えた。

社内からのプレッシャーのなか、鈴木は商品をつくり込んでいく。ある程度のヒットがなければ、「世界のKitchenから」そのものがなくなっていく可能性はあった。何しろ、主力となる幹がまだなかったのだから。

だが発売が迫ると、売れるかどうかよりもこだわったのかどうかが、このシリーズでは意味をもつように、鈴木には思えた。

新商品の名前は「ソルティライチ」と決まる。

発売を直前に控えた11年3月11日に、東日本大震災が発生する。このため、発売は7月に延期された。7月から12月までで年内45万箱の販売目標で臨んだが、結果はほぼ倍の90万箱強という売れ行きだった。

営業はもちろん、社外の流通からも期待値は高まる。1・5リットルペットや紙パックも出て、やがて自販機やコンビニなども含めフルチャネル体制の販売となる。

「ソルティライチ」のユーザーの6割は男性。中学生の部活動のお供から、高齢者の熱中症対策まで、幅広い層・用途で支持されている。

ただ、男性には「ソルティライチ」が「世界のKitchenから」ブランドの商品であるという意識が薄く、別物だと捉えている人も多い。「ここをつなげていけるブランド戦略を進めたい」と鈴木は言う。

15年の「世界のKitchenから」の販売量は780万箱。16年は800万箱を見込んでいる。16年12月現在、9アイテムが販売されているが、販売数量の約7割はソルティライチが占めている。

鈴木は次のように話す。

「キリンの強さは多様な人材がいることです。衝突したり、ギクシャクしたりはします。

でも、それは仕事のうえであり、最後には笑いあえるのです。こうした性質の組織風土は、キリンにしかない強さです。かつての同質性の会社とは、もう違います。モノマネや後追いも、キリンはもうやりません。

反対にキリンの弱さは、スタートするまでの時間の遅さにあると思います。始まってしまうと早いのですが、それまでの手続きが大変なのです。サントリーのような『やっちゃいました』はキリンには、あり得ない。

サントリーの『やってみなはれ』は、個人的には大好きです。『世界のKitchenから』は、実はやってみなはれの精神でつくっています。10年に両社の統合は流れましたが、あれを機に、両社のマーケティング部は情報交換をするなど交流するようになった。サントリーから、多くを学んでいます」

鈴木は現在、果汁飲料の商品開発およびマーケティングのキリン・トロピカーナ（本社は東京新宿区）で商品開発部マネージャーのポジションだ。

最終章

市場の勝敗を決めるもの

4タイプのビジネスパーソンと、組織のライフサイクル

「サントリーは官僚化してしまった」

佐治信忠は、よくこう話す。

2014年、ビーム社買収の後にローソンから新浪剛史をトップで迎え入れた際、「官僚化した組織に、南風を吹き込んでもらいたい」などと話していた。09年にキリンとの統合計画が浮上した際にも、「サントリーは官僚化してしまったので、キリンに人材を求めたい」と語っていた。

これに対して、キリンの首脳は「キリンには人はいない。いるように見えるだけ。本当にキリンに人を求めていたなら、サントリーにとって統合は流れて正解だった」と話し、別の幹部は「佐治さんはキリンを買い被っていた。キリンのほうがよっぽど官僚化している。見立て違いだ」と指摘していた。

磯江《いそえ》晃《あきら》サントリービール商品開発研究部シニア・スペシャリストは指摘する。

「サントリーは、規模も組織も大きくなりました。いまも、〝やってみなはれ〟とばかりの人はいます。DNAは引き継がれている。ただし、会社の巨大化に伴い、やってみなは

れの人、やんちゃな人が、目立たなくなっているのは確かでしょう。なので、トップには官僚化が進んでいると、映るのかもしれません」

1899年に創業したサントリーだが、本当に官僚化してしまっているとすれば、これからどんな組織戦略が求められるのか。また、世界戦略を進めるうえで、グローバル人事をはじめ何が課題となっているのか。

そこで、組織と個人との関係を、アメリカの経営学者イチャック・アディゼスが提唱するアディゼス協労的マネジメント法を切り口に考察してみよう。

コロンビア大学で博士号を取得したアディゼスは、スウェーデン政府やメキシコ政府、バンク・オブ・アメリカ、さらに世界最大の半導体製造装置メーカーである米アプライドマテリアルズなど、多分野で経営指導をしてきた。ちなみにアプライドは2013年に、東京エレクトロンと経営統合で合意したことでも知られる（最終的には、統合すると両社で開発する商品が独占禁止法に抵触すると米司法省から指摘を受け、解決のめどを見出せないまま、15年4月に大型再編は流れてしまうが）。

アディゼスは、CEOをはじめビジネスパーソンの類型を次の4タイプに分類した。

①E——アントレプレナー（起業家）
独創性豊か。新しい価値を生む。その反面、無駄が多い。朝令暮改。職務では、研究・開発や商品企画、創業者に向く。

②P——プロデューサー（実務家）
猛烈に働く稼ぎ手。実行力が高い。その反面、仕事を抱え込む。部下に権限委譲しない。職務では営業に向く。

③A——アドミニストレーター（管理者）
組織に秩序をもたらす。細かな管理が得意。その反面、新しい発想を生めない。規則や手続きを重視し権威主義、形式主義になりがち。職務では経理、財務、法務のコンプライアンス担当に向く。

④I——インテグレーター（統合者）
集団をまとめるのが得意。全体を見渡せる。その反面、八方美人で付和雷同。職務では総務、事業部長に向く。

4つの美点すべてをもっていれば最高のビジネスパーソンになろうが、そんな完璧な人はまずいない。たとえばPの要素が強く、次にややE要素があるものの、IとくにAは弱い――こんな場合はその人は「P」とする。

アディゼスのマネジメント理論がユニークなのは、4タイプを企業のライフサイクルに結びつけている点である。

企業は、創業してから、幼児期、青年期、最盛期、頂点の安定期を迎え、やがて下降局面となり貴族期、官僚期を経て、何も手立てがないと終焉してしまう。図に表すと、富士山のようになる（安定期が山頂のフラットな部分だ）。

経営コンサルタントの大澤智によると、「ホンダを例にすると、本田宗一郎はEタイプ、藤沢武夫はPタイプです。まずはEがいなければ、ホンダは誕生しなかった。ただし立ち上がった後の幼児期では、EよりもP、つまり藤沢さんがホンダの成長には重要な役割を果たしていたのです」。

企業が誕生した初期段階（幼児期）では、創業オーナーを中心に全社が一丸となり、誰もが何でもやっていく。何時間働こうと、疲れる人はいない。

次に成長していく青年期になると、会計をはじめ管理にも長けたA、中長期目標を策定して組織をまとめていくIの役割が、それぞれ高まっていく。

右肩上がりの最盛期ではE、P、A、Iと、それぞれの力関係は均衡する。この最盛期を「プライム・ステージ」と呼び、この期間が長いほど企業は持続的な成長を遂げていく。

だが、成長は止まりピークの安定期になると、Eの力が弱くなる。これは創業者だけではなく、創業家とも置き換えられよう。

新しい開発や商品は生まれず、ダウントレンドとなるとPが力を失っていく。ここが貴族期であり、「ローマ帝国の貴族と同様にそれまでの蓄積をサラリーマン貴族が食べていく」(大澤)。「働かないオジサン」は貴族期の会社に多く見られるが、ダイバーシティが進行すれば、今後は「働かないオバサン」も登場してくるはずだ。

貴族期ではAが力をつけていく。その後、Iの力も弱くなり、Aばかりが残る官僚期へと陥っていく。

最盛期が過ぎた時点で、社内の風通しは悪くなり、部門間の対立が始まる。変化は嫌われ安定が好まれるようになる。企業は、より内向きになっていく。

1990年代の日産は、人事出身のAタイプが社長をはじめ幹部を占めた。生産、営業、開発など、部門のトップである副社長たちは、Aの社長を前に「互いを罵り合い責任転嫁をしていた」（当時の日産幹部）そうだ。まさに官僚期であり、ルノーからの資本注入という「大手術が必要になりました。これはＪＡＬ（日本航空）も一緒でした」と米アプライドで人事担当のグループＶＰ（バイスプレジデント）を務めた石井静太郎は話す。

グローバル展開の今後がカギ――サントリー

石井は「ローマ帝国も徳川幕府も、時間の経過とともに官僚化し、活力を失いました。企業も同じで、ライフサイクルとして加齢とともに官僚化は避けられない。サントリーは（14年時点で）１１５年もの歴史をもつ古い会社。ビーム社の買収が完了し世界に打って出ていくのに、社内の人では舵取りができないという判断を、トップが下した格好です。仮に、これからも国内中心でやっていくなら、創業家を含め社内に人はいたはずでした」と指摘した。

サントリーが官僚化しているのかどうかは、斬新な商品が出続けているのか、Ａタイプの力が強くなっているのか、いままでＰだった人がＡに変わってきたか、などで推し測ることはできよう。

ちなみに、「創業期を支えたＥとＰは無駄が多く、管理型のＡとは対立しやすい。Ｅと

Pはウマが合い、一方で、AとIも結託しやすい特性」と大澤。

石井はさらに次のように話す。

「業績が振るわなくなるとAが台頭するのは、管理能力が高く数字を元に説得力をもつため。Aは創造力に乏しく新しい価値を生めないが、決して悪者ではない。むしろ、コンプライアンス（法令遵守）においては不可欠な人材。もちろん、コスト管理でも。社内がAタイプだけになるのが問題なのです」

「サントリーにとってこれから重要になるのは、人事のグローバルシステムをどう構築して運用できるかです。ビームだけ切り離して、従来通りの独立性を維持させる方法はあります。しかし、これでは以前とあまり変わりません。ジャパニーズウイスキーを本当にビームの流通から世界に売り込みたいのなら、ビームをハンドリングする必要がある。これから、日本人社員をアメリカに派遣したり、優秀なビームの社員を日本本社で登用したりと、人材をグローバルで活用していこうとすれば、統一的な人事・評価システムの設定と運用は求められるのです。

サントリーがビームを巻き込み、アメリカでは一般的な、仕事で報酬が決まる職務給体系のシステムを取り入れていくのかどうか、ここが最初のポイントでしょう」

サントリー食品インターナショナル（サントリーBF）の幹部は言う。「上場してから、〝やっちゃいました〟はもうできないと思います。説明責任が本当に重いから」

また、同社の別の首脳は「利益三分主義にしても、上場企業で展開するには無理がある。もちろん、理念は生かしていくけれど」と語る。なお、利益三分主義とは、「事業によって得た利益は、『事業への再投資』『お得意先・お取引先へのサービス』にとどまらず、『社会への貢献』にも役立てたいとする創業者の精神」（サントリー幹部）を指す。

ライバルからいかに貪欲に学べるか――キリン

一方、キリンの幹部は次のように語る。

「統合交渉以来、たとえば人事部でも、両社は交流しています。サントリーから『この問題に対して、キリンはどうしているのか』と尋ねられ、こちらが答える。すると、『それはこちらでも使いたい。キリンがやっている、といえば社内で説得力をもつ』とサントリーの人は話していました。キリンの真似をしているようでは、本格的な職務給体系にサントリーは踏み込めるのでしょうか」

別のキリン首脳は、「人事では、サントリーはけっこうキリンの制度を取り入れています。

10年以上前まで、サントリーにはラインの管理職しかいなかった。つまり、部下のいない管理職はいなかった。やってみなはれの会社なので、やらない人は有名大学を出ていても組合員で定年になるケースもあったほど。管理職の比率はキリンとくらべ小さかった。ところがあれだけ大きな会社になると、いつまでも昔のままではいられない。そこで、管理職の予備軍のような階層をつくるなど、実質的に管理職を増やしていった。キリンを真似るように。なので、かつてのようなスピードは喪失され、会議は増え、官僚的な体質になっていった。実行より調整が優先されているのでは。佐治会長の指摘は、その通りだと思う」と話す。

キリンの幹部は言う。

「キリンの強さはまじめさ。モノづくり、売り方、宣伝、社内に貫く風土と、何もかもまじめなんです。逆に弱みは、長くトップ企業だったために、謙虚さが足りない。もっともっと、他社に貪欲に学ばなければならないと思う。

この点、サントリーは貪欲にライバル社から学んでいます。いい面でも悪い面でも。真似することが、本当は上手な会社なのですよ」

45年連続赤字を止めたプレモル

ソニー、パナソニック、ホンダに対し、トヨタとサントリー。

いずれも日本を代表する企業ではあるが、前者は創業家が経営から離れているのに対し、後者は創業家が経営を担っている。

アディゼスのマネジメント理論では、Eが弱くなると、企業は衰退が始まっていく。ひたすら、合理性と効率性とを追求していくからだろう。

サントリーは、「やってみなはれ」と社員にPを求めている。同時に、創業家もEであり、Pでもある。

さらに筆者には、創業者である信治郎が晩年を迎えたとき、新たな起業家精神を寿屋（サントリー）に継承していくDNAとして「やってみなはれ」を組み込んだのではないだろうか、と思えてならない。すでにある誰かのビジョンや意思を形にしていく実行力だけではなく、起業家である自分が役割を担ってきた「新しい価値の創造」を、次期社長や社員に求めていったと、言っては言い過ぎだろうか。少なくとも、自分が指示したことを「やらせる」ためではなく、社員が「やりたいこと」を自らやるように、「やってみなはれ」の本質は変化していった。

起業家の力や存在感が失われると企業は官僚体質へと陥り、弱体化が始まっていく。少なくとも、信治郎はそのことに気づいていたのかもしれない。

それを示す事例は、高級ビール「ザ・プレミアム・モルツ（プレモル）」の成功だろう。水谷徹サントリービール社長は、「佐治（信忠）は、プレモルについて『マイ・ブランドだ』と話しています」と指摘する。

プレモルの2015年の販売数量は1756万箱（前年比0・8％減）。04年はわずかに60万箱だったが、この04年から14年まで11年連続して前年を上回った。国内の販売増は11年目で途絶えた。だが、ビール類市場が縮小しているなかで、価格の高い高級ビールという市場そのものを創出したのだ。

さて、佐治信忠はサントリー社長に就任した01年から、プレモル（当時は「モルツ・スーパープレミアム」という名称。03年に現在の名称になる）に力を入れるように現場に訴えていた。

06年5月に佐治に取材した際も、

「（当初社内は）何も知らない社長が、また何か言っている、程度の反応でした。不景気でも高額商品は売れているのだから、プレミアム（高級）ビール市場は必ず伸びる。いつまでもスーパードライではなく、お客様は新しい価値を求めていると、訴えたのです」

と、話していた。

“笛吹けど踊らない現場”に対し、トップは「注力せよ」と言い続ける。その結果、当時のプレモルの生産工場である武蔵野工場の技術部門は、あまり多くを考えずにモンドセレクション（本部はブリュッセル）への出品を決める。04年秋だった。

モンドセレクションを選んだのは、食品関係のコンテストとして世界的にも権威があったから。05年1月、国際宅配便を使い、中瓶を8本以上、冷蔵した状態でブリュッセルに送る。だが、送付作業をした技師もその後、送ったことを忘れてしまうぐらいの軽い意識だった。

ところが、5月20日にベルギーから書簡が届く。モンドセレクションの結果通知で、封を開くと結果欄には「GRAND GOLD MEDAL」とある。どの程度の賞なのか最初はわからなかった。各所に照会し、最高金賞であることが判明。この時点では、初出品で同賞受賞は過去に例はなかった。

「どえらいこっちゃ！」

会社中が沸き立ち、ここからプレモルの

サントリービール事業で、46年目にして初の黒字を牽引した「プレモル」

攻勢が始まっていった。トップである佐治信忠の思惑通りにだ。

商品開発研究部シニア・スペシャリストの磯江は次のように話す。

「外部から認められたことは、技術部隊にとって大きな自信につながりました。この後、06年、07年と3年続けて最高金賞を取ります。実は3年連続というのが、賞としては重いのです。1回だけなら、たまたま取れてしまうケースもあるでしょうし」

08年にはプレモルの販売数量は1149万箱となり、サッポロのヱビスビールを抜いてプレミアムビールで№1となる。08年は第3のビール「金麦」も好調。2つの商品が牽引して、サントリーは1963年のビール参入以来、46年目にして初めてビール事業が黒字化したのだ。

同時に、サッポロを抜き初めて3位に浮上した。2006年から08年にかけて、それまでモルツを扱っていた飲食店をプレモルに切り替えていった作戦が、結果としては功を奏した。

プレモルは1989年に誕生する。武蔵野工場内に同年4月開設した、試醸用ミニブルワリーでつくられたのが最初だという。「サントリーは4位メーカーでしたが、世界でも最高品位のピルスナービールを生み出そうとするみんなの思いから、つくりあげた。開発リーダーは山本隆三さんでした」と磯江。

ミニブルワリーでは当時、ヴァイツェン（白ビール）やチェリービールなど、多様なビールが同時につくられた。プレモルは業務用の樽限定で、一部の飲食店でのみ供される幻のビールとしてスタート。10年ほどこの状態が続いた。

サントリー関係者は、「サントリーのビールづくりは、1990年代後半に、あるイノベーションがありました。仕込工程の糖化においてでしたが、麦芽100％ビールをよりおいしくすることに成功したのです」と指摘する。

仕込では、まず麦芽を粉砕してお湯に浸す。すると、麦芽中の酵素の働きにより、麦芽にたっぷり含まれるデンプンは糖に変わる。これが糖化である。

デンプンは、いくつものブドウ糖が長く分岐しながら鎖のようにつながった構造だ。酵素の分解作用で、この鎖を切って小さくしていく。次に酵母が、酵素により分解された小さな糖を食べて、アルコールと炭酸ガスを生成する。ちなみに、酵母が食べられるのは、ブドウ糖のつながりが3つ以下のものだ。

酵素が働く時間を長くすると、アルコール発酵に利用できる小さな糖が増える。ドライビールでは、糖化を徹底させたうえ、糖の9割以上を酵母に食べさせる（発酵度が高い）。アルコール度数もガス圧も高くなり、味わいは「キレがある」などと表現される。

一方、麦芽100％ビールは「コク」を出すため糖化方法をいろいろと工夫する。ドライビールにくらべると、麦芽100%のビールはブドウ糖が4つ以上つながった糖の含量が多いが、「この糖の残し方がキーになることが解明されました。ヘタな残し方をするとおいしさが妨げられることがわかったわけです。サントリーはこの〝カラクリ〟の解明により、仕込方法を変えました。本当にコクのある、おいしい麦芽100%ビールを量産できるようになったのです。モンドセレクションの連続受賞は、このときの気づきがあったから」（同）と話す。

2012年には販売が伸びているのに、敢えてリニューアル（リバイタライズ）を行う。ダイヤモンド麦芽という新素材を使うのだが、リニューアルはユーザーが離れるリスクを抱える。かつての、キリンラガーの生化は、リニューアルして大失敗した典型だった。しかし、冒険を恐れないでやってしまうのは、サントリーらしいのかもしれない。

「船場」出身者の類い稀なる能力

さらに今回、筆を進めていて、もうひとつ、あることに気づいた。

サントリーと同じく船場出身で1918年にパナソニックを創業した松下幸之助は〝経

営の神様〟と呼ばれる。

なぜ神様かといえば、「貸方を律して、借方を攻めよ」などと、起業家（E）でありながら管理者（A）の要素をもっていたからだろう。

このタイプは、実は珍しい。戦後の本田宗一郎などは、自転車用補助エンジンのバタバタが飛ぶように売れても、販売店に対して「あるとき払いの催促なし」で応じていたそうだ。このため、経営は火の車。中途入社した藤沢武夫が負債を管理して、在庫を減らしながら売掛金回収にまわったとされている。

では、海外のスティーヴ・ジョブズはどうか。ジョブズが立ち上げたネクストコンピューターの経営に89年から参画した、酒巻久キヤノン電子社長は指摘する。

「ジョブズは天才エンジニアではなく、天才エンジニアを使って全体をまとあげられる天才的なインテグレーター（統合者＝I）。一番感心したのは、できもしないことを、さもできそうに訴えるプレゼン力でしたけど」

「技術者なら誰もが抱く合理的な発想を捨てられて、ジョブズはデザインを優先できました。個々の技術、デザイン、プロモーションまで何でも理解し、純粋な天才たちを自在に扱っていた」（酒巻）そうだ。

そんなジョブズには、管理者の素養は薄かったろう。何しろ、自身がペプシコから引き抜いたジョン・スカリーにより、一時アップルを追われてしまうくらいだから。

幸之助はおそらく船場学校で、宮田火鉢店、五代自転車の丁稚として、管理者の部分を徹底して学んだのではないか。大学などで会計学の専門教育を受けたのとは異なり、少年時代に身体に叩き込まれた〝教え〟あるいは〝商売道〟といった形で。

これは、船場学校の先輩である信治郎も一緒だったはずだ。小西儀助商店、小西勘之助商店でいろいろな教えを吸収し、起業家でありながら〝ソロバン〟をはじめ管理者の素養を有していた。利益三分主義、自身を社長ではなく「大将」と呼ばせた点、社会貢献、深い信仰心など、管理者の要素から生成されたものだったろう。

江戸時代から太平洋戦争に突入するまで、大阪は民間の商工業者を原動力にした日本経済の中心地だった。そのなかでも、戦前の日本版シリコンバレーは船場だった。船場が生んだ2人の創業者に共通する特徴は、管理ができたこと。「やってみなはれ」をDNAとするサントリーの企業文化は、大阪で成長していったのだ。

なお、幸之助の義弟でありパナソニックの創業に参加した後、三洋電機（現在はパナソニック傘下）を創業した井植歳男は、62年に関西の若手経営者の集まりである「井植学校」を開設する。佐治敬三は、大和ハウス工業の石橋信夫社長（当時）、ダイエーの中内社長

（同）らとともに生徒のひとりだった。

サントリー発の3つの新製品

さて、サントリービールの磯江は次のように話す。

「サントリーの強いところは、いろいろなことをやれるので、一人ひとりが幅広い分野での技術力をもっていることです。サントリーはやって失敗しても、責任は問われません。むしろ何もやらないと、やらざる罪が問われる会社なのです。

弱い点は、特定の分野を深める専門家がやや少ないことでしょう。幅広く、何でもやれる技術者は多い一方で、材料や醸造、品質保証など、特定分野のスペシャリストはあまりいない。

キリンは、組織的に専門家を育てていると思います。社風の違いから、技術者の気風も両社は違う。両社の風土は、組織のキリンに対して個人を基本とするサントリーという違いがある」

「ビール類でサントリーが先発で出したものは大きく3つあります。生ビール（67年発売の純生）、発泡酒（94年発売のホップス）、それと新ジャンル（第3のビール）のうち発泡酒にスピリッツを加えた『リキュール（発泡性）①』。これの原型は、（2004年発売の）麦風という商品でウチが出した。やってみなはれ、に象徴される挑戦心があるから、新しいモノが出るのです」

なお、第3のビールのうち、麦芽を使わずエンドウ豆や大豆を使った「その他の醸造酒（発泡性）①」の先発は、03年にサッポロが発売した「ドラフトワン」である。

上條《かみじょう》努《つとむ》サッポロホールディングス社長兼グループCEO（17年1月から会長）は、「ヱビスだけが、最初からプレミアムビールです。他社のプレミアムはみな、モルツやスーパードライ、一番搾りの派生品」と話す。

ヱビスが高級ビールの先発であるのは間違いない。だが、高級ビール市場を成長させ、実質的に新市場として創出したのは、サントリーでありトップの佐治信忠だった。創業家の実行力を備えた経営者信忠の存在感は、これからのグローバル展開でも重要になる。統合協議にも参画したキリン元幹部は「佐治社長のもと、組織があれだけフラットな会社は珍しい」と評した。

2015年だったが、会長の佐治信忠は一部の幹部たちを対象に、ある雑誌記事の感想文を書くよう求めたことがあった。そのうちのひとりは、「これはいい機会だ」と考え、おおむね次のように書いて提出した。

「最近のサントリーは、東大などの名門大学出身者が多くを占めるようになった反面、バカがいなくなりました。サントリーは常に、バカが面白いこと、とんでもないことをやって、新しい地平を開いてきたのです。バカのいないサントリーなんて、ただの大企業です」

これに対し佐治は、「よく言った。その通りだ！」と賞賛したとされる。

会社組織の官僚化との闘い、グローバル人事システムの開発など、その手腕は注目される。ハイボールを世界的に流行させれば、「やってみなはれ」の面目躍如となり、新しいステップへとまた踏み出せる。

ウイスキーブームの影、原酒不足

サントリーがハイボールによりウイスキーを復権させたストーリーは、4章にある通りだ。四半世紀にわたりウイスキー市場は縮小を続けたが、2008年を底に09年からは成長軌道に転換していった。

ところがいま、サントリーやニッカウヰスキーを傘下に持つアサヒビールは、原酒不足に直面している。需要が想定以上にふくらみ、供給が間に合わない事態になっているのだ。

ハイボールが火をつけたウイスキーの人気をもう一段高めたのは、NHK朝の連続テレビ小説「マッサン」だっただろう。国産ウイスキーづくりに挑んだ竹鶴政孝とリタ夫人をモデルにし、14年秋から15年春にかけて放送され高い視聴率を得る。本書『サントリー対キリン』の単行本版が出版されたのも、放送中の14年11月だった。

テレビドラマの放送が始まった14年のウイスキー市場規模（出荷量ベース）は11万7300キロリットルで、前年比11・2％増。15年は13万8300キロリットル（同18・0％）と2ケタ増を続けた。両年とも、国産ウイスキーは市場の約85％を占めている。

米ビーム社を14年に買収したサントリーは、ビームの販売網を利用して「響」や「山崎」を世界に売り込んでいくという戦略を基本的には変えてはいない。しかし、流通させたくとも、原酒が足りなくなっている。

ウイスキーは蒸溜後樽詰めされ、長期熟成を必要とする。新商品がヒットしてすぐに増産できるビールとはまったく違うのだ。サントリーは13年から蒸溜設備を新規導入するなど、増産体制を構築してきた。だが、設備はお金で買えても、時間はどうすることもできない。

ちなみに、ウイスキーの原酒は2種類ある。大麦麦芽だけを原料にした醸造酒を単式蒸溜器により蒸溜し、長期に樽熟成したものをモルト原酒と呼ぶ。香り豊かで個性が強い。

もうひとつは、コーンなどの穀物を原料に醸造した酒を、連続式蒸溜器で蒸溜して樽熟成したものだ。こちらをグレーン原酒と呼ぶ。軽快な味わいが特徴だ。

ひとつの蒸溜所でつくられたモルト原酒だけを瓶詰めしたウイスキーはシングルモルトウイスキーと呼ばれ、みな高級品だ。「山崎」「白州」「余市」などがこれにあたる。

複数のモルト原酒とグレーン原酒をブレンドしてつくるものはブレンデッドウイスキーと呼ばれ、こちらの価格はピンからキリまで。「響」「角瓶」「トリス」「ホワイト」「レッド」「スーパーニッカ」「ブラックニッカ」などがこれだ。

いま不足しているのはモルト原酒である。ニッカウヰスキーはすでに、「10年」や「15年」といった熟成年数を表示するウイスキーの販売を終了させ、熟成期間が短い原酒を使用した「ノンエイジ（熟成期間の表示がない）」のウイスキー販売に切り替えている。

サントリーもノンエイジ商品を展開する一方、グレーンウイスキーの「知多」を15年に発売した。さらにビーム社を買収したことで、「ジムビーム」などのバーボンを積極的に国内に投入。また、5大ウイスキー（生産地であるスコットランド、アイルランド、米国、カナダ、日本）という形でも国内展開している。国産のモルト原酒が不足しながらも、ハイボールをきっかけにつかんだ国内のウイスキー需要の維持と拡大とをはかっている。

これからのウイスキーとビール

ハイボールがブームになる以前の2000年代から、日本の高級ウイスキーは世界の酒類コンペティション（品評会）で最高賞を獲得するなど高い評価を得てきた。サントリーとニッカだけではなく、最近ではキリンディスティラリーやベンチャーウイスキー（埼玉県秩父市）なども大きな賞を取っている。

2015年にはサントリーとニッカが、ロンドンで行われた品評会「インターナショナル・スピリッツ・チャレンジ（ISC）」（イギリスの酒類専門出版社「ドリンクス・インターナショナル」が主催）で、ともに最高賞のトロフィーを獲得。直後にサントリーHDの新浪社長は「マッサン効果で日本だけでウイスキーが売れているわけではない。世界中で、日本のプレミアムウイスキーは人気が高い」と語った。

ベンチャーウイスキーの肥土《あくと》伊知郎《いちろう》社長は、「日本のウイスキーは、世界で引っ張りだこ。しかし、大手でも簡単には供給できません。当社のように小さなところを含め、日本には蒸溜所が少ないからです」と話す。

16年11月、都内で開かれた「ウイスキーフェスティバル2016 in 東京」（スコッチ文化研究所）は、世界中のウイスキーを主にストレートで試飲できるイベントだ。ここに、多くの若者が集まっていた。20代から30代前半が多く、この世代の女性も目立つ。ウイスキーは一過性のブームではないことが表れていた。出展したメーカーや流通関係者などの話を統合すると、原酒不足の解消は「早くとも東京オリンピックの後」とのことだ。

それまで、国内と海外とで、ジャパニーズウイスキーのブランド価値をいかに維持させていくかは課題だろう。とくに、サントリーにとっては、国際戦略の拡充は当初の目的でもあるのだから。

さて、ウイスキーはいま、世界の市場でちょっとしたブームとなっている。アフリカなどの新興市場で人気に火がついたためだ。このため、本場のスコットランドでは蒸溜所の新設が相次いでいる。だが、「仕込を短時間で処理するなど、ものづくりが雑になっている蒸溜所が目立ってきた。収益向上を目指すあまり、スコッチの品質は落ちている」といった指摘が、日本のウイスキー関係者からよく出る。

ジャパニーズウイスキー、すなわち日本のウイスキーの特徴は、スコッチと〝つくり〟が同じという点だ。同種の原料を使い、糖化・発酵、蒸溜、樽熟成、ブレンドと製造工程も一緒である。それでいて、高級品だけではなく、スタンダードタイプの品質が高いのもジャパニーズの特徴だ。

サントリースピリッツ名誉チーフブレンダーでハセラボ（京都市）副社長の輿水精一は、

こう訴える。「効率やコスト優先ではない、品質を重視したものづくりがジャパニーズウイスキーには求められる。品質に対する問題意識を現場の全員が常にもって働いているから、最高のウイスキーはできるのです。その本質から、決して外れてはならない」

国内の原酒不足、世界的なウイスキー需要の拡大と変化の波が押し寄せているなか、サントリーをはじめとする日本のウイスキーメーカーは、品質保持に舵を切っている。

一方、国内ビール類市場は、2015年まで11年連続で縮小。16年も前年を下回り、12連続で縮小するのは確実とみられる（16年12月時点）。しかも、ビール類の税額は26年10月までに段階的に統一されていく。

現在は350ミリリットルあたりの税額はビール77円、発泡酒46円99銭、第3のビール28円と三層に分かれている。まず20年10月、ビールは7円減税され70円に、第3のビールは9円80銭増税され37円80銭になる。次に23年10月、ビールは6円65銭減税され63円35銭に、第3のビールは9円19銭増税され発泡酒と同額の46円99銭になる。3回目の26年10月、ビールは9円10銭減税され、発泡酒と第3のビールは7円26銭増税され、税額54円25銭で統一される。1994年にサントリーが発泡酒「ホップス」を商品化して以来、統一は財務省主税局にとっての悲願である。

ビール類の税額統一が決まり、ビールの定義が見直されるのも大きな特徴だ。23年10月に第3のビールという区分はなくなり、ビールと発泡酒が残る。ビールは原材料の麦芽使用比率「67％以上」だが、18年4月には「50％以上」に緩和、副原料として果実やハーブの使用も認められる。

「税額統一が決まり、メーカーは世界に通用するビールを開発しやすくなる」といった声が政府内にはあるが、〝絵に描いた餅〟である。醸造酒であるビールを、同一ブランドで世界展開するのは不可能だ。水が違うだけでも酵母の働きは変わり、同じ味を醸し出せなくなる。自動車のような工業製品とは違う。土地には土地のビールがあるのだ。ちなみに、ABインベブなどは、商品ではなくM＆Aにより覇権をとってきている。

また、缶チューハイなどのRTDは26年10月に増税されるまで、現状の28円が維持されていく。安さを求める向きは、増税のたびに第3のビールからRTDへと流れていく可能性は高い。何しろ、第3のビールの酒税は、26年には現在の2倍近くになるのだから。

ワインと日本酒の酒税も、一本化へと動き出す。現在、350ミリリットルあたり日本酒は42円に対し、ワインは第3のビールやRTDと同じ28円。これを、23年10月までに2段階で35円に統一する。メルシャン社長の横山清は、「原料や製法などで類似性がない清酒とワインを同一体系にする考え方は不適当。日本人の生活に浸透し始めたワイン市場に影響を与える」と反発する。

酒税改正にうまく対応していけるかどうかも、各社の明暗を左右することになるだろう。

キリン伝説の営業マンにして、〝桑原学校〟の門下生である真柳亮（キリンビール顧問）は16年12月、次のように話した。

「営業の視点でお話しします。キリンの強みは、営業マンがみな真面目で決して諦めないことです。

逆に弱みは、決まり事に縛られすぎることです。想定外から少しでもはみ出すと、『社に持ち帰り、上司と相談してきます』などと持ち帰ってしまう。自分で判断できない。この間隙をライバルが突いてくるのです。野球にたとえれば、ストライクゾーンに入る直球なら完璧に打てる。ところが、変化球を打てない。とくに、ストライクゾーンからボールゾーンに落ちる変化球を、ファールで逃げられないのです。

キリンは60年代から70年代に、家庭用で伸びました。このため、業務用の営業がどうしても苦手です。飲食店オーナー、飲食チェーンを起業した経営者などに売り込むには、人の懐に入り込む営業力が求められます。起業家は、みな個性が強い。サラリーマンであるスーパーのバイヤーと交渉するのとは、ひと味違う営業スタイルが求められる。いま、業務用が中心のウイスキーやワインの営業マンを育てています。サントリーは業務用に強い。もともと、ウイスキーを中心にワインなどを様々な業態の飲食店に売り込んできた実績があるから」

戦国時代の日本を抜け、グローバルな再編へ

さらに、2015年11月、世界のビール産業に大きな衝撃が走った。世界ビール首位のアンハイザー・ブッシュ・インベブ（ABインベブ）による、同2位の英SABミラーの買収が決まったからだ。1章で述べたが、翌16年に約10兆1000億円で買収は成立した。

そもそも世界のビール産業にM&A、再編の波が本格的に押し寄せたのは、2000年代に入ってから。背景には世界的な〝金余り〟があった。再編の中心にいたのが、ABインベブとSABミラーだ。

ABインベブを率いるのは、〝コストカッター〟として知られ効率経営を実践することで知られるカルロス・ブリト。もともとはブラジルの最大手アンベブのCEOだった。04年8月、ベルギーのインターブリューが約1兆2000億円でアンベブを買収してインベ

ブが誕生。ブリトがインベブのCEOに就いたのは、その1年半後だった。

グローバルな再編の流れのなか、次にポイントとなったのはリーマン・ショック発生直前の08年7月。「バドワイザー」で知られる米アンハイザー・ブッシュを、ブリト率いるインベブが520億ドル（約5兆円）で買収することが決まったのだ。これが「ABインベブ」の誕生だ。

さて、日本でバドワイザーは85年からはサントリーが、93年からはキリンがライセンス生産を行っている。「指導は厳しかったが、アンハイザー・ブッシュから多くの技術を学んだ」（サントリー幹部）といまでも言う。サントリーは89年にプレモルの前身となる高級ビールをパイロットプラントでつくったが、短期間に高品位なビールを醸造できたのは彼らの厳しい指導による部分も大きかっただろう。これは、元ガリバーのキリンも同じだった。少なくとも08年までは。

キリンの複数の関係者によれば、「インベブに買収されてから、経営効率を強く求められる反面、ものづくりへのこだわりは希薄になってきた」という。

ブッシュがインベブに買収される前は、バドワイザーをライセンス生産するメーカーは、ブッシュのセントルイス本社（当時）に定期的にバドワイザーのサンプルを送るよう求められていたそうだ。創業家であるブッシュ家から容赦のない品質チェックを受け、場合によっては技術者が日本に派遣されることもあった。

ところが、買収後はサンプル品の送付先は米本社ではなく、技術者が駐在する中国の武漢工場に変わった。コストをより削減するためだが、かつてほどチェックがうるさくはなくなったという。

ブリトは買収した企業の人員削減や工場売却を断行していく。別の表現を使うなら〝贅肉〟を徹底的に削ぎ、利益を高めていくのだ。対等の関係といった考え方はなく、被買収企業を、短期間に、ひたすら筋肉質にしていくのである。

元祖コストカッターであり、ブラジルでの経営経験をもつ日産自動車のカルロス・ゴーン社長に、自身とブリトの経営手法の違いについて質してみたことがある。15年の11月だったが、次の答えが返ってきた。

「まったく違う、見ればわかるだろう。ルノー・日産アライアンスは、短期的な利益だけではなく、1999年からの長期にわたり成果を出し続けている。M&Aには多くの手法があり、我々はアライアンスを選んで成功した」

たしかに、ゴーンはリストラを断行した一方で、中国事業や電気自動車（EV）開発といった長期的な分野にも取り組んでいる。

一方、「サステナビリティ（持続可能性）の本質は利益にある。企業は利益を上げて、株主に貢献し社会に還元する。だからブリットの手法は正しい」（米国人のM＆Aコンサルタント）と評価する声もある。

ビールは代表的な装置産業だ。規格品の大量生産の次の段階にあるのは、資本の集中による巨大化でもある。ABインベブはいまや事業会社というよりも、投資会社に性質が近い。そんな巨大企業が、ステークホルダー（利害関係者）のうち誰に対し最大の貢献を果たそうとするかというと、株主にほかならない。

「創業家が経営から外され事業会社が投資会社となる。すると、酒造りのこだわりよりも経営効率や生産効率が優先されていくため、かつてより品質が落ちていくのです。アメリカでクラフトビールが伸びているのは、大手の品質が落ちているため。

こうしたなか、鳥井・佐治の創業家が前面に出ているサントリーは、世界的に見ても高品位な酒類をつくっている会社」（大手ビールメーカー首脳）

ビーム社も、経営に創業家はタッチしていないが、酒造りの現場は創業一族が支えている。酒造りは農業と関係が深い。穀物や果実、水を原料としているためだが、畑づくりや人の育成には時間もかかる。清涼飲料を含め、サントリーは長期的なモノづくりへのこだわりをやはり喪失させてはならない。時間を金で買うM&Aを一方で展開しながらも、である。逆に、高品位をこれからも強みとしていきたい。

M&Aでグローバル化を進める佐治信忠。会長として、強烈な4代目は世界に向けどんな楔《くさび》を打っていくのか。

「おじいちゃんや親父の昔と違い、これからもM&Aでグローバル化を進めていく。世界中の人々が多様にサントリーで働き、日本でやってきた利益三分主義などを世界でも継続することが理想」と話すが、果たして。

おわりに

サントリーのＤＮＡは、創業者鳥井信治郎が発した「やってみなはれ」。

この言葉は、現在でも大きな意味での新しい挑戦を促すときに、社員や役員に対して頻繁に使われている。１９６１年、ビール参入を決断したときも、生ビール開発（67年）や発泡酒開発（94年）のときも、それまで世の中になかったものに挑戦する重要な局面で、使われ続けてきた。経営トップは代わっていてもだ。ハイボールの物語では、やってみなはれを超えて、「やっちゃいました」という若手もいた。サントリーの「やってみなはれ」には、起業家精神を刺激する響きがある。

サントリーの首脳のひとりはかつて筆者に、「マズローの欲求五段階説の最上位にある自己実現の欲求を、サラリーマンであっても満たせる会社がサントリー。やってみなはれとばかりに、誰でも手を挙げられるのだから。何もかも許されるわけではないが、認められれば挑戦ができます。逆に、やらざる罪は重い」と話した。やりたいことがある人、やってみたい人にとっては面白い会社であり、逆にやりたいことがない人、自己実現には関心がない人は、入ってはいけない会社だろう。

そんなサントリーは、ビーム社買収により世界へと打って出ていく。先述の通り「職務給などグローバルな体系が必要」とする指摘があり、たしかに求められる部分ではあるが、日本企業にとっては難しい面もある。

わかりやすい例が、日産自動車だ。副社長をはじめ外国人の高級幹部が、ライバル社へと相次いで転じてしまっている。もともと高額の報酬を受けとっているのに、さらなる高額を提示されたり、あるいは高いポジションをオファーされたりして動いていく。欧米では当然のことで、ビームサントリーも場合によっては、早晩〝洗礼〟を受けることになるかもしれない。

また、アメリカ企業は職務の役割と範囲、サイズ（大きさ）がきまっている。「やってみなはれ」のDNAを、異なる企業文化の幹部、さらにメンバーにどう伝えていくかが、まず待ち受ける課題だろう。

ただし、本当に大切にしなければならないのは高給を受け取るエグゼクティブではなく、むしろ生産や営業を支える現場の社員である。とくに、モノづくりにおける品質の確保は、サントリーのブランド価値に直結する。

投資会社のようなM＆Aを行い、グローバルに巨大化する酒類会社もあるなかで、日本と同様の高品質を保ち続ければ、これを切り口にサントリーが世界市場に入っていく余地はある。欧米では、経済が冷え込んでも高級品はそれなりに動く。また、インドなど新興国市場は、高級ウイスキーのブームでもある。

インド自動車市場でのトップはスズキだが、スズキの鈴木修会長はかつて、「日本にいる1億2000万人と、インドにいらっしゃる11億人のうち上位の1億2000万人をくらべると、インドの方々のほうが平均所得は高いのです」と述べている。新興国ほど、赤ワインやシングルモルトウイスキーなどの高級酒が人気になる。

「世界のサントリー」になれるか否か。やってみなはれが世界で試される。

一方、キリンはアメリカ市場で伸びているクラフトビールに参入する。クラフトが伸びているのは、おいしい酒を飲みたいという消費者の素直な欲求があるためだろう。キリンは、西海岸などで大きくなっているこの流れを日本市場に取り込めるのかが、これからのテーマだ。

キリンは「メジャー」と「インディーズ」のバランスの取り方がうまく、そしてそこから新たなトレンドを生み出す力がある。

たとえば1986年に出たハートランドは、当初は六本木のビアホール「ハートランド」向けのハウスビールだった。

後に一番搾りのブランドマネージャーも担当した山田精二キリンビバレッジマーケティング部長（現キリンビール企画部部長）は言う。「ハートランドと（90年発売の）一番搾りは、コインの裏表。ハートランドがインディーズで、一番搾りはメジャーレーベル。両方が対になって動き出すと、新しい流れを引き寄せられる」

2つの商品は同じ人物が開発し、プロジェクトメンバーも一部重複。その後、2つに関わった人物も、「メジャー」と「インディーズ」のコインの裏表を行き交っている。

主力のビールである一番搾りに注力する方針を決めた一方、クラフトビールへと参入したキリン。新しいトレンドを引き寄せられるのか。実行力が試されていく。

最後になったが、両社の広報、取材を受けていただいた皆様、関係する方々、そして日本経済新聞出版社の堀川みどり氏に、心から感謝を申し上げたい。

個人的には本書は16作目だが、2009年以来の出版となった。最初は週末介護をしていたためだったが、その必要がなくなってからも、本を執筆しなかった。理由は、原稿用紙300枚前後も書くという厳しい作業から逃げてしまったためである。

一度、安易な方向へと流れると、人はなかなか戻れない。気がつけば、5年もの歳月が経過していた。そうしたなか、堀川氏により本書の企画に出会えた。

楽を覚えると、人は戦えなくなっていく。

「やってみなはれ」と、いくつになっても挑戦する心を持ち続けていたい。

本書が、読者諸氏にとって、少しでも元気や勇気の源になればと、願わずにはいられない。

２０１４年10月

永井　隆

文庫化に寄せて

さて、本書でも様々な例を見てきた通り、企業間競争とは巨大な団体戦である。大手4社のビール商戦はその典型であるが、「勝ち抜く」という以上に、敵失（あるいは自滅）による「一人負け」となるケースは多い。

団塊世代が酒を飲めるようになった1970年代以降、とくに「負けた会社」を分類してみると、

●1970年代〜86年　アサヒ

敗因は家庭向けへのシフトが遅れたことと、サッポロとの統合が不調に終わり、キリンの独走を許してしまったこと。同じ流通網を使っていたサントリーが伸びたことも、アサヒを苦しめた。

●87〜93年　サントリー

経営難に直面していたアサヒが87年に乾坤一擲で発売したスーパードライが大ヒット。88年、ライバルの3社はドライビールを出して追随するが、ドライ戦争はアサヒの一人勝

ちに終わる。86年までアサヒとシェアがほぼ拮抗していたサントリーは、自らを見失う。「開発型のサントリーが、後追いした時点で負けでした」（当時のサントリー幹部）。87年、〝負のジョーカー〟はアサヒからサントリーに移る。

●94〜2001年　キリン

94年にサントリーは発泡酒「ホップス」を開発。落ち続けたシェアを再び上げていく。一方のキリンは96年、主力の「ラガー」を生化し、消費者から支持を失う。最大のミスマーケティングと揶揄されるが、本編で示した通り、遠因は90年のトップ人事にあった。93年の商法違反事件、そして95年発売の「太陽と風のビール」の品質事故と、社会的な問題が相次いだ。96年以降、アサヒとの商戦は熾烈化。2001年に48年ぶりの逆転を許す。94年当時、キリンはABインベブより大きかった。国内戦を捨て置き、海外投資の強化に進むという選択肢もあったのだが。ジョーカーは96年、キリンに移る。

●02〜09年　アサヒ、後半はサッポロ

02年に各社は発泡酒を値下げした。とくにトップに立ったアサヒが先陣を切ったが、値下げにより市場そのものが大きく縮小していった。責任は4社すべてにある。

そんななか、アサヒはスーパードライに続くヒット作を出すことができなかった。キリン「氷結」のような缶チューハイ分野においても、サッポロが開発した第3のビールにおいても。流通の力が強大化するなかで、スーパードライに依存し続ける。第3のビール「クリアアサヒ」をやっと商品化できたのは08年のことだった。

05年からはサントリーが「ザ・プレミアム・モルツ」を強化。サッポロ「ヱビス」を抜き去り、プレモルは高級ビールNo.1になる。08年にはサントリーはビール事業を黒字化させ、サッポロを抜いて3位に浮上した。また、キリンは09年に瞬間的に首位に立つ。

市場がシュリンクするなか、負のジョーカーは激しく移動した。

●10〜14年 キリン

詳しくは本編に譲るが、ジョーカーはキリンに居着いてしまったようにも見える。

15年にキリンはビールを伸ばし、クラフトビールも好発進する。だが、喜びも束の間、キリンは16年上半期（1月〜6月）において4社のなかで唯一、ビール類の出荷量を落とす（前年同期比7・2ポイント減）。この結果、シェアは前年同期より2・0ポイント落とし32・1％に。アサヒはシェアを同1・1ポイント上げて39・2％とし、キリンとの差は7・5%に広がった。さらに、3位サントリーは0・5ポイント上げて同期のシェアを16・0%とした（半期、通期ともサントリーにとっては過去最高シェア）。

キリンがシェアを落としたのは、第3のビールで各社からの攻勢を受けたのが大きい。税制改正に対応し、キリンはビール強化へと事業構造の転換を進めているが、その横腹をライバル各社から攻撃されている状況だ。

果たしてジョーカーは離れたのかどうか。キリンには、明確な意思に基づいた戦略を徹底して実行することが求められている。

1987年のアサヒ、94年のサントリーと、いずれもギリギリに追い詰められたところから反転攻勢は開始された。国内市場の縮小が続くなかで、キリンは復活していけるのか。会社全体で、危機感をどこまで共有できているのかがポイントとなるだろう。

一方で、国内での戦いをよそに、世界ではシェア27%の巨大企業ABインベブが誕生した。事業会社であると同時に〝投資会社〟でもあるABインベブは、動きを止めずにはいられないサメのように、常にM&Aを志向している。対象が日本のメーカーとなっても、なんら不思議はない。

小路明善《こうじあきよし》アサヒグループHD社長は、アサヒビール社長だった16年2月に次のように語った。

「(巨大資本が用意する、10兆円を超える)買収金額と、アサヒグループHDの時価総額とでは、ケタが違う。企業価値を向上させるだけでは、被買収リスクを回避できない。むしろ、攻撃は最大の防御。グローバルにメーカーや流通などとの提携を重ねて、連邦経営を構築してヘッジしていく」

同時期にキリンHD社長の磯崎は、「SABミラーでさえ、M&Aの圧力に屈した。規模でABインベブには対抗できない。医薬のグローバル化を進めるなど独自のスタイルが必要」と、買収防衛策について触れた。

これまで、海外の超大手が日本に食指を伸ばさなかったのは、①酒税体系が複雑であること ②流通構造が複雑なうえ、独特な商慣行があること。また、イオンなど小売の力が絶大であること ③円高 ④少子高齢化と人口減により市場拡大が見込めないこと、などが理由だった。だが、少なくとも①に関しては、ビール類(ビール、発泡酒、第3のビール)の税額はこれから一本化され解消されていく。

ある米国人のM&Aコンサルタントは「日本のビール会社は、ビール類と相乗効果のない清涼飲料事業をみなもっている。この部分の評価がM&Aの投資判断になるかもしれない」と指摘する。

いずれにせよ、新しい変化が起きそうな気配は満ちている。そのなかで、サントリーもキリンも、ものづくりへの挑戦をくり返していく。消費者から必要とされる以上に、愛されるものづくりが、一層求められていくだろう。

文庫化にあたっては、大幅な加筆を加えた。また付録として、85年以降発売された大手4社のビール類新商品を一覧化した。資料としても使ってもらえたら幸いだ。

2016年12月

筆者

年	種別	アサヒ	キリン	サントリー	サッポロ
1985	ビール	・ラスタマイルド	・NEWS BEER ・キリンビールライト		・Next One ・ワイツェン
1986	ビール	・アサヒ生ビール	・エクスポート	・モルツ ・カールスバーグ	
1987	ビール	・100%モルト ・スーパードライ ・クアーズ	・ハートランド		・ブラック ・エーデルピルス
1988	ビール	・クアーズライト ・バスペールエール	・ドライ ・ファインモルト ・ハーフ&ハーフ	・ドライ ・ドライ5・5	・ドライ ・モルト100 ・オンザロック ・冬物語
1989	ビール	・デアレーベンブロイ ・スーパーイースト ・スタインラガー	・モルトドライ ・ファインドラフト ・ファインピルスナー ・クール	・冴	・ドラフト ・エクストラドライ ・ハーディ ・クールドライ ・サッポロビール園

巻末付録 大手４社のビール類新商品

	1990	1991	1992	1993	1994
	ビール	ビール	ビール	ビール	ビール
アサヒ		・Z ・ほろにが ・スーパープレミアム ・特選素材	・ワイルドビート ・フォスターズラガー ・オリジナルエール6 ・正月麦酒	・ピュアゴールド	
キリン	・マイルドラガー ・一番搾り〈生〉	・プレミアム ・秋味 ・キリンドラフトビール工場	・ゴールデンビター	・日本ブレンド ・冬仕立て	・シャウト ・アイスビール
サントリー	・純生 ・ジアス ・ビアヌーボー	・ビア吟生	・ライツ ・吟生 ・夏の生	・ダイナミック ・カールスバーグドラフト	・氷点貯蔵〈生〉
サッポロ	・北海道	・吟仕込	・シングルモルト ・ハイラガー ・焙煎生	・カロリーハーフ ・初摘みホップ	・味わい工房 ・蔵出し生ビール

年	区分				
1995	発泡酒			・ホップス〈生〉	
1995	ビール	・ダブル酵母生ビール ・ミラースペシャル ・黒生	・春咲き生 ・ラガーウィンタークラブ	・ブルー ・サーフサイド ・秋が香るビール ・鍋の季節の生ビール	・生粋
1996	発泡酒				・ドラフティー
1996	ビール	・食彩麦酒 ・ファーストレディ	・ビール工場 ・黒ビール	・春一番生ビール ・大地と水の恵み ・夕涼み ・秋が香るビール ・Half & Half	・春がきた ・夏の海岸物語
1997	発泡酒			・スーパーホップス	・ドラフティーブラック〈黒生〉
1997	ビール	・REDS（レッズ）	・ビール職人 ・LA2・5	・春一番 ・ビターズ ・秋が香るビール ・うま辛口	・スーパースター

巻末付録 大手４社のビール類新商品

	1998 ビール	1998 発泡酒	1999 ビール	1999 発泡酒	2000 ビール
アサヒ	・ダンク		・ビアウォーター ・ファーストレディシルキー ・富士山 ・WiLLスムースビア		・スーパーモルト ・WiLL スウィートブラウン
キリン	・ヨーロッパ ・一番搾り黒生ビール	・淡麗〈生〉	・ラガースペシャルライト ・ヨーロッパ（第2弾） ・X'masウィーンビア		・オールモルトビール〈素材厳選〉 ・21世紀ビール
サントリー	・麦の贅沢 ・小麦でつくったホワイトビール ・深煎り麦酒 ・贅沢熟成		・ミレニアム生ビール	・麦の香り ・マグナムドライ	・モルツプレミアム
サッポロ	・気分爽快〈生〉 ・五穀まるごと生	・〈芳醇生〉ブロイ ・STAR RUBY	・２０００年記念限定醸造〈生〉	・五穀のめぐみ	・グランドビア ・世紀醸造〈生〉

	発泡酒		・クリアブリュー	・味わい秋生 ・冬道楽	・冷製辛口〈生〉
2001	ビール		・KB ・クラシックラガー	・モルツ・スーパープレミアム	
	発泡酒	・本生 ・WiLLビーフリー	・常夏〈生〉 ・白麒麟	・夏のイナズマ ・風呂あがり〈生〉 ・ダイエット〈生〉	・2001発詰〈生〉セブン ・北海道生搾り ・ひきたて焙煎〈生〉 ・夏のキレ生セブン ・限定醸造 2001-2002乾杯生
2002	ビール	・青島ビール	・まろやか酵母 ・キリン毬花一番搾り	・アド〈生〉	
	発泡酒		・極生 ・淡麗グリーンラベル ・アラスカ〈生〉	・マグナムドライ〈爽快仕込み〉 ・炭濾過純生 ・スーパー〈マグナムドライ〉	・ファインラガー ・きりっと新辛口・生 ・樽生仕立 ・海と大地の澄んだ生 ・本選り

巻末付録 大手4社のビール類新商品

	2002	2003			
	その他	ビール	発泡酒	新ジャンル	その他
アサヒ		・穣三昧	・スパークス ・本生アクアブルー		・ポイントワン（ノンアルコール）
キリン		・キリンラガーブルーラベル ・まろやか酵母花薫り	・淡麗アルファ ・生黒 ・8月のキリン ・ハニーブラウン		・モルトスカッシュ（ノンアルコール）
サントリー	・ファインブリュー（ノンアルコール）	・琥珀のくつろぎ ・とれたて小麦の白ビール ・茜色の芳醇 ・ザ・プレミアム・モルツ ・ザ・プレミアム・モルツ黒生 ・大開運〈生〉	・楽膳〈生〉 ・美味楽膳 ・冬生		
サッポロ		・ヱビス〈黒〉 ・ピルスナープレミア	・鮮烈発泡 ・北海道生搾り Half & Harb ・のみごたえ ・北海道生搾り FIBER ・冷醸	・ドラフトワン	

2004	ビール	・こだわりの極 ・プレミアム生ビール熟撰	・ラテスタウト ・豊潤 ・とれたてホップ一番搾り ・ホワイトエール	・ダブル搾り	
	発泡酒	・本生オフタイム	・やわらか ・キリン小麦	・春生 ・夏生	・麦100%生搾り
	新ジャンル			・麦風〈BAKUFU〉 ・スーパーブルー	
2005	ビール	・スーパーイースト刻刻の生ビール ・酵母ナンバー	・ゴールデンホップ		
	発泡酒	・本生ゴールド ・麦香る時間	・キリンリフレッシング	・はなやか春生 ・純生阿蘇 ・こんがり秋生	
	新ジャンル	・新生	・のどごし〈生〉	・キレ味〈生〉 ・サマーショット ・麦の贅沢	・スリムス

巻末付録 大手4社のビール類新商品

	2006 ビール	2006 発泡酒	2006 新ジャンル	2007 ビール	2007 発泡酒	2007 新ジャンル
アサヒ	・プライムタイム ・マイルドアロマ	・本生クリアブラック ・贅沢日和	・ぐびなま。 ・極旨		・本生ドラフト ・スタイルフリー	・あじわい
キリン	・一番搾り無濾過〈生〉 ・復刻ラガー（明治・大正）	・円熟		・キリン・ザ・ゴールド ・ニッポンプレミアム ・一番搾りスタウト ・一番搾りとれたてホップ無濾過〈生〉	・円熟黒	・良質素材
サントリー		・サマーシュート	・ジョッキ生 ・ジョッキ黒 ・麦の薫り	・ザ・プレミアム・モルツ〈黒〉	・MDゴールデンドライ	・ジョッキ芳醇
サッポロ	・畑が見えるビール ・琥珀ヱビス〈樽生〉	・雫		・ヱビス〈ザ・ホップ〉 ・ヱビス〈ザ・ブラック〉 ・贅沢モルト	・凄味 ・生搾りみがき麦	・うまい生

		2008			2009		
		ビール	発泡酒	新ジャンル	ビール	発泡酒	新ジャンル
			・ジンジャードラフト	・クリアアサヒ	・ザ・マスター	・クールドラフト	・オフ ・麦搾り
	・スパークリングホップ	・ザ・プレミアム無濾過	・麒麟 ZERO	・キリンスムース ・ストロングセブン		・淡麗W	・コクの時間 ・ホップの真実
	・ジョッキ淡旨 ・ジョッキ夏辛 ・ジョッキ濃旨 ・金麦		・ゼロナマ				・ザ・ストレート ・豊か〈生〉 ・琥珀の贅沢 ・ジョッキ生8 クリアストロング
	・W-DRY ・ドラフトワン スパークリングアロマ	・ビアファイン ・ザ・ゴールデンピルスナー	・ビバライフ	・麦とホップ			・冷製 SAPPORO ・オフの贅沢

巻末付録 大手4社のビール類新商品

	2009	2010				2011	
	その他	ビール	発泡酒	新ジャンル	その他	ビール	新ジャンル
アサヒ		・世界ビール紀行 ・オーガニックプレミアム		・ストロングオフ ・くつろぎ仕込	・ダブルゼロ（ノンアルコール）	・初号アサヒビール	・一番麦 ・ブルーラベル ・冬の贈り物
キリン	・キリンフリー（ノンアルコール）		・キリンゼロ〈生〉	・キリン1000（サウザン） ・キリン本格〈辛口麦〉	・休む日のAlc.0.00%（ノンアルコール）	・キリンアイスプラスビール	・濃い味〈糖質0（ゼロ）〉
サントリー				・7種のホップ リラックス	・オールフリー（ノンアルコール）		・絹の贅沢 ・レッドロマンス
サッポロ		・シルクヱビス		・クリーミーホワイト			・金のオフ

	その他				・プレミアムアルコールフリー（ノンアルコール）
2012	ビール	・ドライブラック ・ザ・エクストラ	・一番搾りフローズン〈生〉 ・一番搾りフローズン〈黒〉 ・GRAND KIRIN（一部先行発売）		
	発泡酒	・レッドアイ			
	新ジャンル	・ダイレクトショット ・秋宵	・麦のごちそう	・金麦・糖質70％off ・STONES BAR〈ローリングホップ〉	・麦とホップ〈黒〉 ・北海道 PREMIUM
	その他				・プレミアムアルコールフリーブラック（ノンアルコール）
2013	ビール		・GRAND KIRIN ・GRAND KIRIN ジ・アロマ	・ザ・プレミアム・モルツ〈コクのブレンド〉 ・ゴールドクラス	・ヱビスプレミアムブラック ・静岡麦酒〈樽生〉
	発泡酒	・パナシェ			

巻末付録 大手4社のビール類新商品

	2013	2014			
	新ジャンル	ビール	発泡酒	新ジャンル	ビール
アサヒ	・クリアアサヒプライムリッチ ・ふんわり	・ドライプレミアム （一般発売）	・スーパーゼロ	・アクアゼロ ・深煎りの秋	・ザ・ロイヤルラベル
キリン	・濃い味 〈DELUXE（デラックス）〉 ・澄みきり	・一番搾りプレミアム（ギフト限定） ・GRAND KIRIN ホップ フルーティー ・GRAND KIRIN ビタースウィート ・GRAND KIRIN ブラウニー ・GRAND KIRIN マイルドリッチ	・淡麗プラチナダブル ・フレビア レモン&ホップ	・のどごし〈生〉ICE ・冬のどごし〈華やぐコク〉	・一番搾り "地元うまれシリーズ" ・晴れやかなビール
サントリー	・グランドライ	・和膳 ・金のビール	・おいしいZERO	・金麦クリアラベル	・ザ・モルツ ・ザ・プレミアム・モルツ 〈香るプレミアム〉
サッポロ	・香り華やぐエビス ・麦とホップ〈赤〉 ・極ＺＥＲＯ（のち発泡酒へ）		・極ＺＥＲＯ （新ジャンルから発泡酒へ）	・麦とホップ The Gold ・ホワイトベルグ	・欧州四大セレクション

2015				・ザ・プレミアム・モルツ〈マスターズドリーム〉	
	発泡酒	・スタイルフリープリン体ゼロ		・ラドラー	
	新ジャンル	・クリアアサヒ 糖質ゼロ	・のどごしオールライト		・グリーンアロマ ・-0℃（マイナスレイド）
	その他	・スタイルバランス ビールテイスト ・ドライゼロフリー	・パーフェクトフリー	・オールフリー〈コラーゲン〉	・SAPPORO ＋
2016	ビール	・ザ・ドリーム ・ドライプレミアム豊醸	・47都道府県の一番搾り ・GRAND KIRIN ディップホップヴァイツェンボック	・ザ・プレミアム・モルツ 〈香るエール〉	・エビスマイスター
	発泡酒	・スタイルフリーパーフェクト			
	新ジャンル				・麦とホップ Platinum Clear
	その他	・ヘルシースタイル		・オールフリー〈ライムショット〉	

リニューアル、地域限定発売等は原則除く。2015年と2016年は通年の新商品のみを記載した。

本書は、２０１４年11月刊の同名の単行本を、
大幅に加筆のうえ文庫化したものです。

日経ビジネス人文庫

サントリー対《たい》キリン

2017年1月5日 第1刷発行

著者
永井 隆
ながい・たかし

発行者
斎藤修一

発行所
日本経済新聞出版社
東京都千代田区大手町1-3-7 〒100-8066
電話(03)3270-0251(代) http://www.nikkeibook.com/

ブックデザイン
谷口博俊(next door design)

印刷・製本
凸版印刷

定価はカバーに表示してあります。落丁本・乱丁本はお取り替えいたします。

Printed in Japan ISBN978-4-532-19813-8